1. Quadratische Funktionen

Eigenschaften der quadratischen Funktion mit $y = x^2$ – Normalparabel

1. a) Zeichne mithilfe einer Wertetabelle den Graphen der Funktion mit $y = x^2$ in das Koordinatensystem. Überprüfe mit der Parabelschablone.

x	y
−3	9
−2,5	
−2	
0	
0,5	
3	

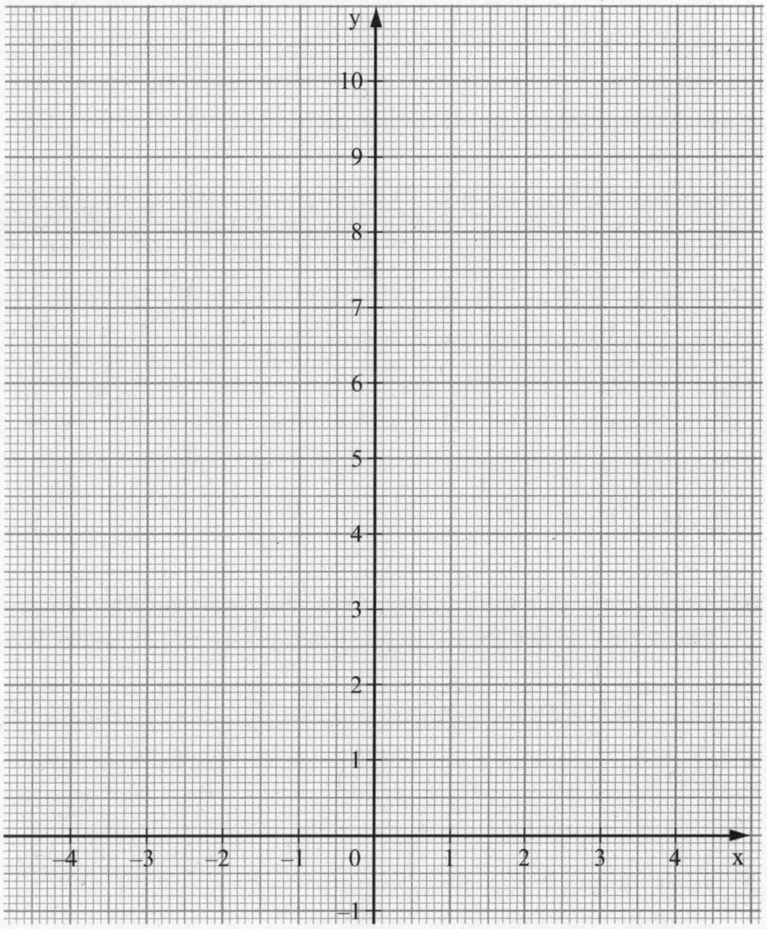

b) Lies an dem Graphen ab.

(1) $0{,}9^2$ = ______; $1{,}6^2$ = ______; $(-0{,}5^2)$ = ______; $(-1{,}2)^2$ = ______; $(-2{,}8)^2$ = ______

(2) An welchen Stellen x ist : $y = 4$; $y = 2{,}5$?

x_1 = ______ x_2 = ______ x_1 = ______ x_2 = ______

(3) Mögliche Werte: $x^2 = 7{,}5$ $x^2 = 6$ $x^2 = -4$

für x: x_1 = ______; x_2 = ______ x_1 = ______; x_2 = ______ x_1 = ______; x_2 = ______

(4) Warum kann y nur positive Werte annehmen?

Begründung: ______________________________

(5) Wie liegen die Punkte aus (2) mit den Koordinaten $P_1\,(x_1|4)$ und $P_2\,(x_2|4)$ bezüglich der y-Achse?

____

Erzeugen der Graphen zu $y = x^2 + px + q$ aus der Normalparabel

1. a) Ergänze die Wertetabellen der Funktionen mit $y = x^2 + 2$ und $y = x^2 - 1$. Zeichne dann deren Graphen.

(1) $y = x^2 + 2$

x	y
−3	
3	

(2) $y = x^2 - 1$

x	y

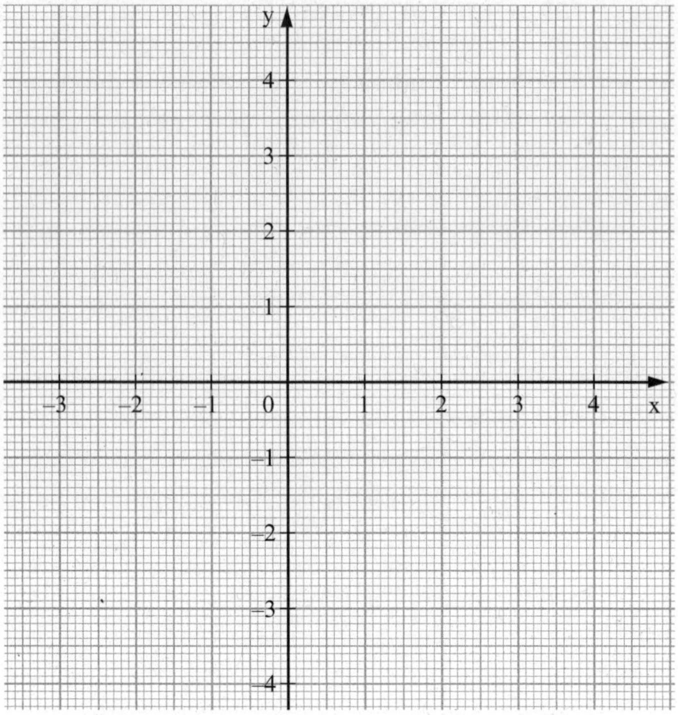

b) Zeichne die Normalparabel in dasselbe Koordinatensystem und beschreibe, wie die Graphen zu (1) $y = x^2 + 2$ bzw. (2) $y = x^2 - 1$ aus der Normalparabel hervorgehen.

(1): Die Normalparabel wird ____________________

(2): ____________________

2. Zeichne den Graphen mithilfe einer Parabelschablone. Gib vorher den Scheitelpunkt an.

a) $y = x^2 + 4$ S (____|____)

b) $y = x^2 - 2{,}5$ S (____|____)

c) $y = x^2 - \frac{3}{2}$ S (____|____)

d) $y = x^2 - 3{,}5$ S (____|____)

e $y = x^2 + \frac{1}{4}$ S (____|____)

f) $y = x^2 + \pi$ S (____|____)

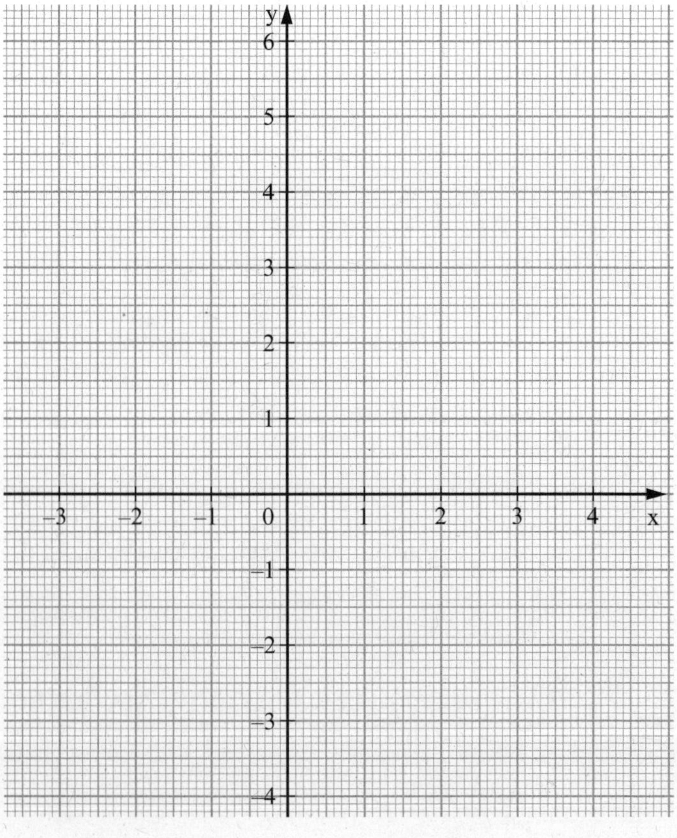

3. a) Zeichne die Graphen zu $y = (x + 1)^2$ und $y = (x - 2)^2$ mithilfe von Wertetabellen.

(1) $y = (x + 1)^2$

x	y
−3	

(2) $y = (x - 2)^2$

x	y
0	

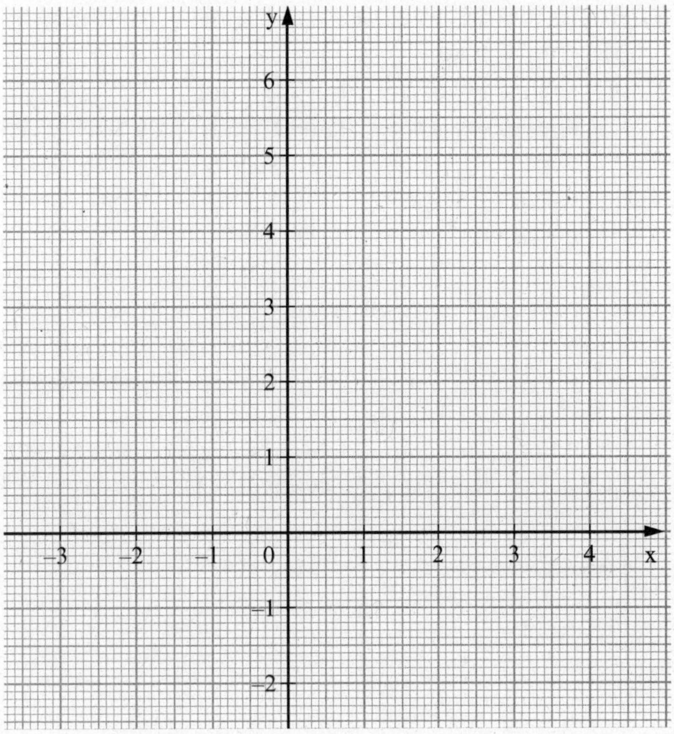

b) Zeichne die Normalparabel in das Koordinatensystem und beschreibe, wie die Graphen zu (1) $y = (x + 1)^2$ bzw. (2) $y = (x - 2)^2$ aus der Normalparabel hervorgehen.

(1): Die Normalparabel wird ______________________________

(2): ______________________________

4. Zeichne die Graphen mithilfe einer Parabelschablone. Gib vorher den Scheitelpunkt an.

a) $y = (x + 2)^2$ S (____|____) $y = (x - 3)^2$ S (____|____) $y = (x - 5)^2$ S (____|____) $y = (x + 2{,}5)^2$ S (____|____)

b) $y = (x - 3{,}2)^2$ S (____|____) $y = (x + \frac{3}{2})^2$ S (____|____) $y = (x - 0{,}2)^2$ S (____|____) $y = (x + \pi)^2$ S (____|____)

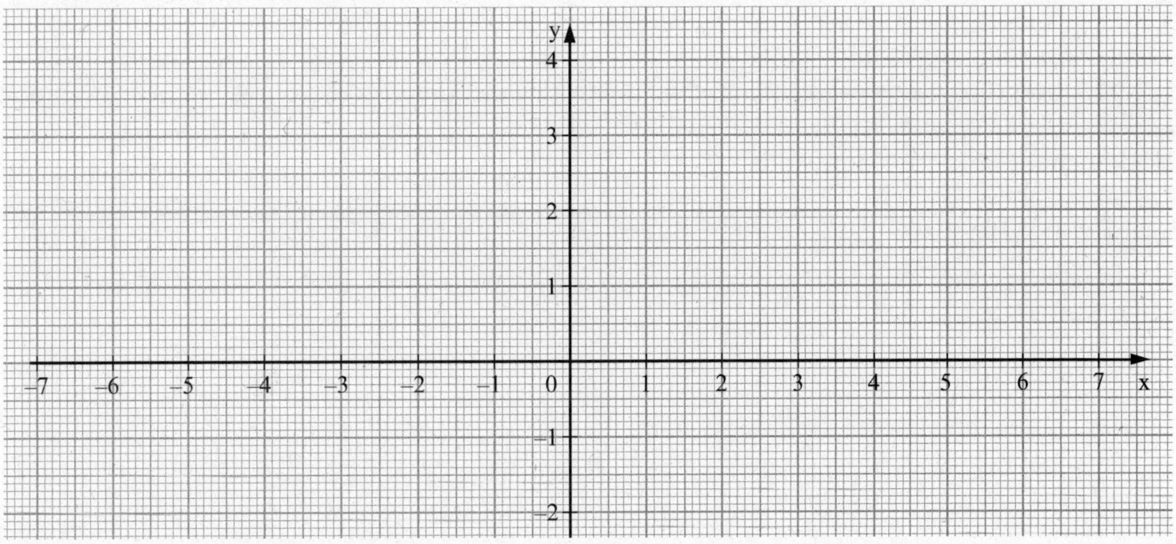

5. Immer ein Scheitelpunkt und eine Funktionsgleichung gehören zusammen. Färbe mit der gleichen Farbe.

$y = x^2 + 6x + 14$ | S (−2 | −8) | $y = x^2 - 12x + 29$ | S (7 | 6) | $y = x^2 - 4x + 13$

S (6 | −7) | $y = x^2 - 14x + 55$ | S (−3 | 5) | S (2 | 9) | $y = x^2 + 4x - 4$

6. a) Zeichne die Graphen und fülle die Tabelle aus.

Funktionsgleichung	$y = (x - 2)^2$	$y = (x + 2{,}5)^2 + 1$	$y = (x - 1)^2 - 2$	$y = (x + 4)^2 - 1$
Scheitelpunkt				
Wertebereich				
Nullstellen				

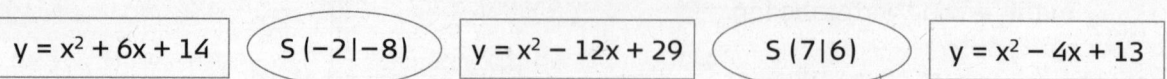

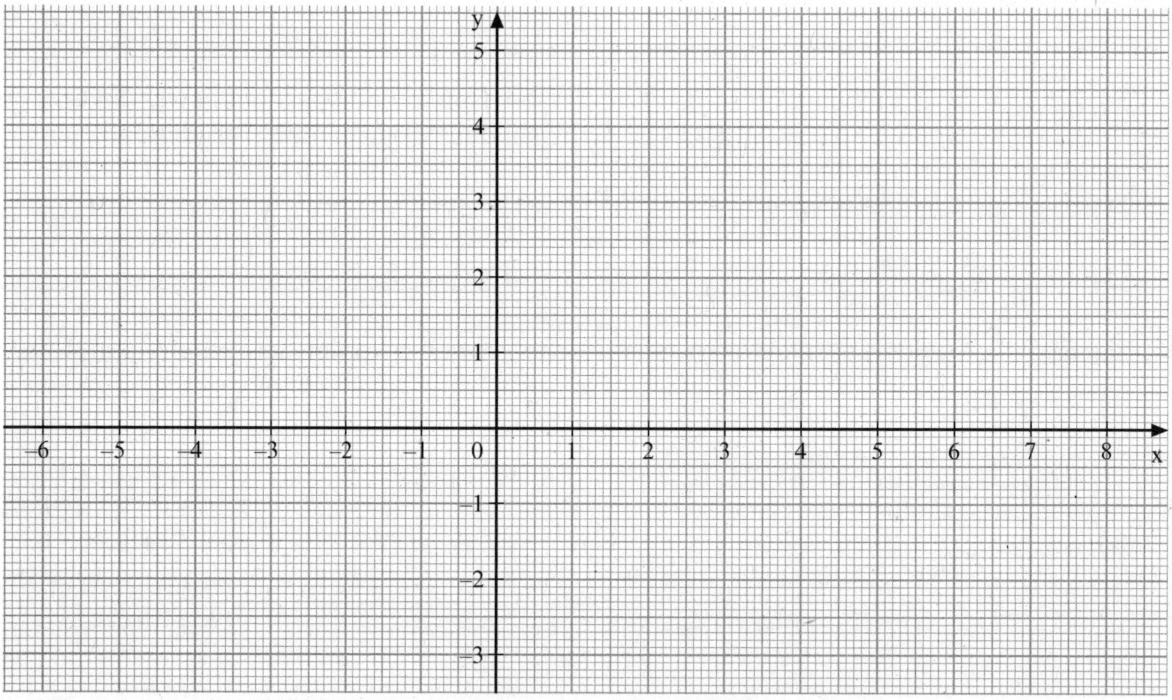

b) Überprüfe durch Einsetzen in die Funktionsgleichungen die Nullstellen der Funktionen.

7. Welcher Punkt liegt auf welcher Parabel? Verbinde.

$y = x^2 + 10x + 10$ | $y = x^2 - 8x + 6$ | $y = x^2 - 5{,}5x - 6$ | $y = x^2 + \frac{1}{2}x + 3$

P (8 | 14) | Q (−2 | 6) | R (3 | −9) | S (−1,5 | 4,5) | T (−3 | −11)

Erzeugen der Graphen zu $y = a \cdot x^2$ aus der Normalparabel

1. a) Ergänze die Wertetabellen.
Zeichne die Graphen und die Normalparabel in das Koordinatensystem.

(1) $y = \frac{1}{2}x^2$

x	3				
y	4,5				

(2) $y = 1{,}5x^2$

x					
y					

(3) $y = -\frac{1}{2}x^2$

x					
y					

(4) $y = -\frac{3}{2}x^2$

x					
y					

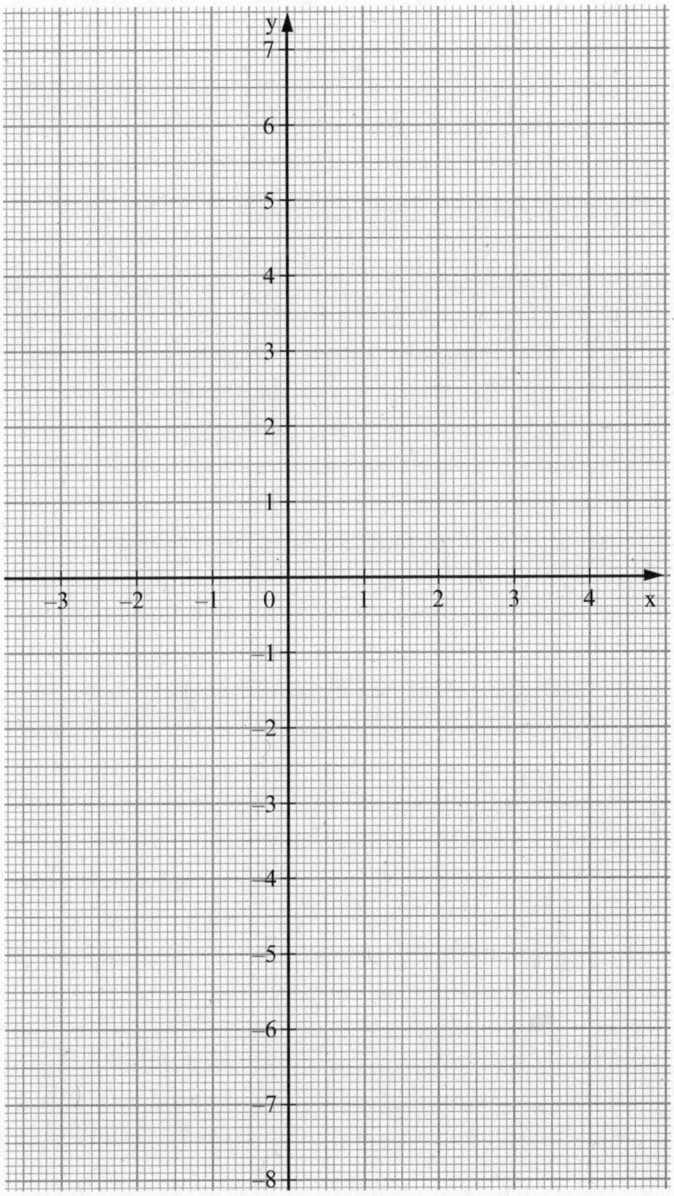

Vergleiche den Verlauf der Graphen mit der Normalparabel.

(1) ______________________

(2) ______________________

(3) ______________________

(4) ______________________

b) Ergänze – wenn möglich – die Koordinaten der Punkte so, dass sie auf dem Graphen der Funktion liegen.

	P_1 (1|)	P_2 (−2|)	P_3 ($\frac{1}{2}$|)	P_4 (|1)	P_5 (|−1)
(1) $y = \frac{1}{2}x^2$	(1|$\frac{1}{2}$)				
(2) $y = 1{,}5x^2$					
(3) $y = -\frac{1}{2}x^2$					
(4) $y = -\frac{3}{2}x^2$					

2. Gegeben sind folgende Gleichungen von Funktionen:

$y = -x^2$	$y = 2x^2$
$y = \frac{1}{4}x^2$	$y = -2x^2$
$y = -\frac{1}{4}x^2$	

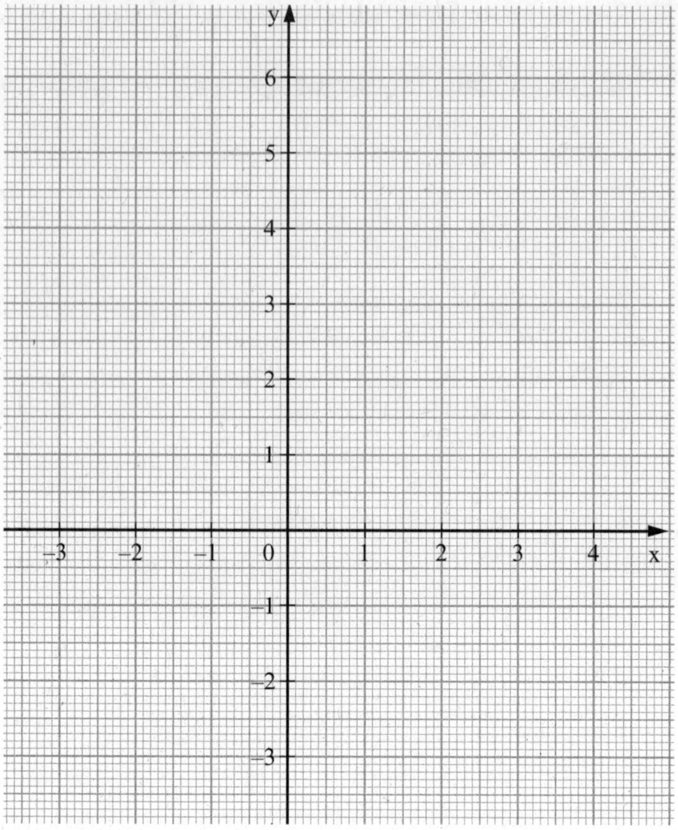

a) Zeichne die Normalparabel. Erzeuge daraus die Graphen der Funktionen.

b) Welche Punkte liegen auf welchem Graphen? Färbe die Punkte und die dazu gehörige Gleichung mit derselben Farbe.

A (3|−9)	B (−4|4)	C (−2|8)			
D (−4|−4)	E (1|−2)	F (2|−1)			
G (2|1)	H (−2|1)	I (−3|−9)	K ($\frac{1}{2}$|$\frac{1}{2}$)	L (1,5|4,5)	M (−1|−2)

3.

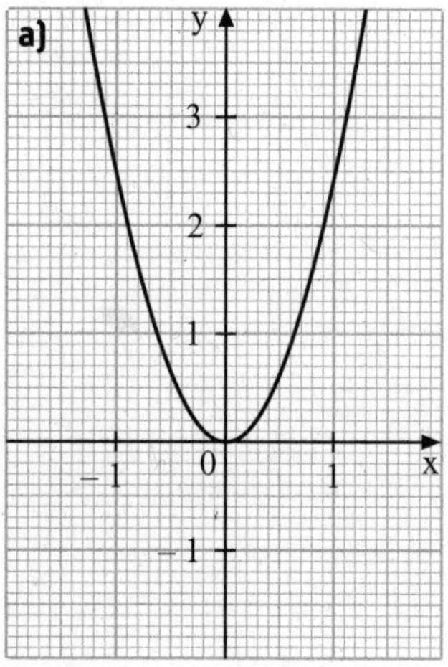

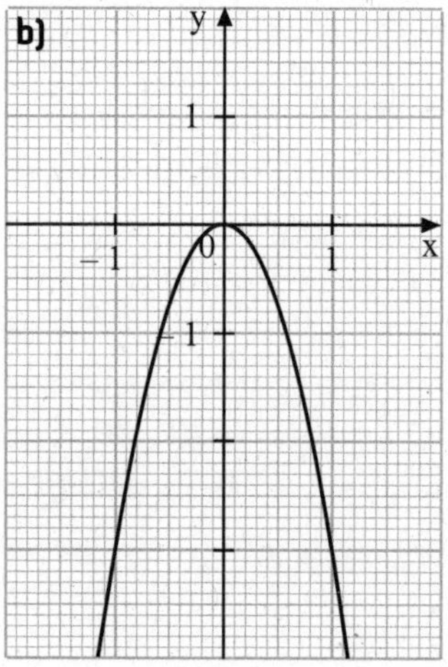

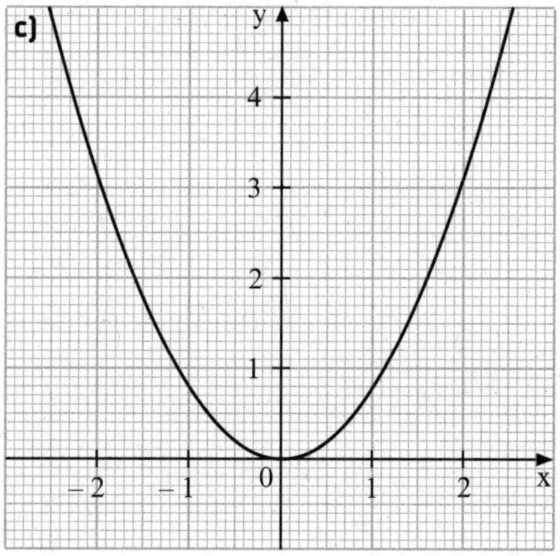

(1) Welche Funktionsgleichung gehört zu dem Graphen? Schreibe darunter.

(2) Ergänze die Koordinaten so, dass P und Q auf dem Graphen liegen.

a) P (3|)   **b)** P (−1,5|)   **c)** P (−3|)

Q (|10)   Q (|−12)   Q (|0,8)

4. Gegeben sind die Funktionen

(1) $y = -\frac{1}{2}x^2$ (2) $y = x^2 - 3$ (3) $y = x^2 - 4x + 7$ (4) $y = -2x + 7$

a) Zeichne die Graphen in das Koordinatensystem und gib Eigenschaften der Graphen an.

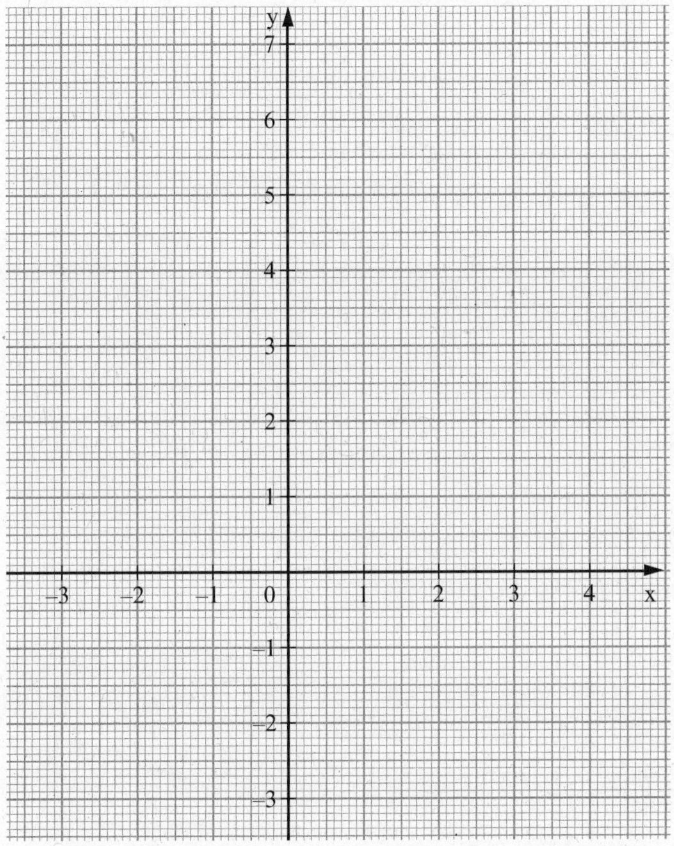

Eigenschaften:

(1) ______________________

____

____

____

____

____

____

____

____

____

____

____

____

b) Welche Punkte haben die Graphen von $y = -\frac{1}{2}x^2$ und $y = x^2 - 3$ gemeinsam? Prüfe rechnerisch.

P_1 (____|____) P_2 (____|____) *Kontrolle:* ______________________

c) In welchen Punkten schneiden sich die Graphen von $y = x^2 - 4x + 7$ und $y = -2x + 7$?

P_1 (____|____) P_2 (____|____) *Kontrolle:* ______________________

d) Verschiebe den Graphen von $y = x^2 - 4x + 7$ um 2 Einheiten nach links.

Gib eine Gleichung an, die zu der verschobenen Parabel gehört: ______________________

e) Zeichne durch die Scheitelpunkte der Parabel von $y = -\frac{1}{2}x^2$ und $y = x^2 - 4x + 7$ eine Gerade.

Welche Funktionsgleichung gehört zu dieser Geraden? ______________________
In welchem Punkt schneidet diese Gerade den Graphen von $y = -2x + 7$?

Q (____|____) *Kontrolle:* ______________________

f) Berechne den Abstand des Scheitelpunktes von $y = x^2 - 4x + 7$ vom Koordinatenursprung.

____

2. Berechnungen an Dreiecken

Sinus, Kosinus und Tangens im rechtwinkligen Dreieck

1. Färbe die Hypotenuse rot. Ergänze die Tabelle.

a)

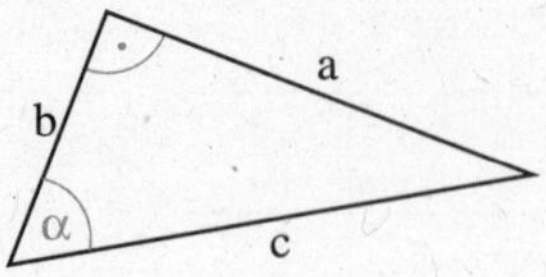

b)

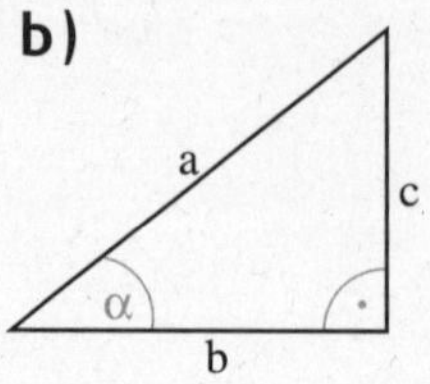

c)

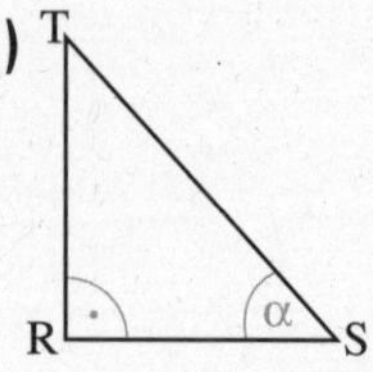

d)

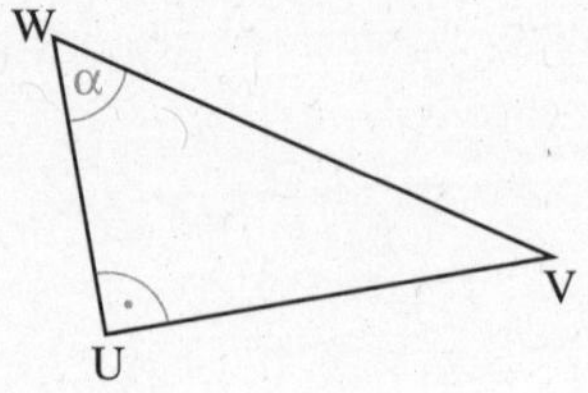

	a)	b)	c)	d)
Hypotenuse				
Gegenkathete zu α				
Ankathete zu α				

2. Gib das entsprechende Streckenverhältnis an.

a)

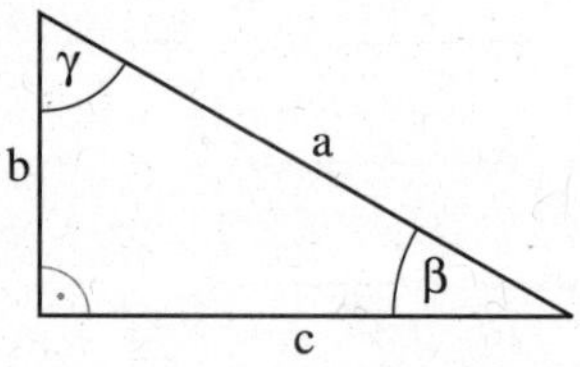

b)

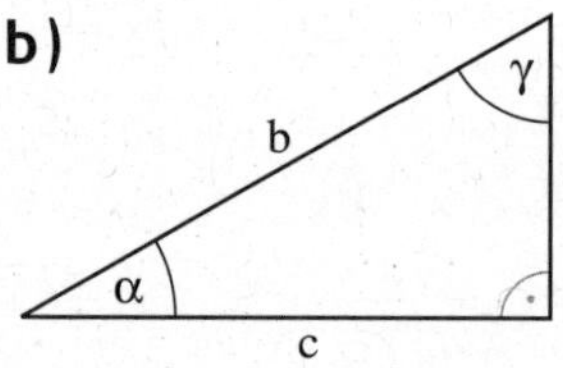

c)

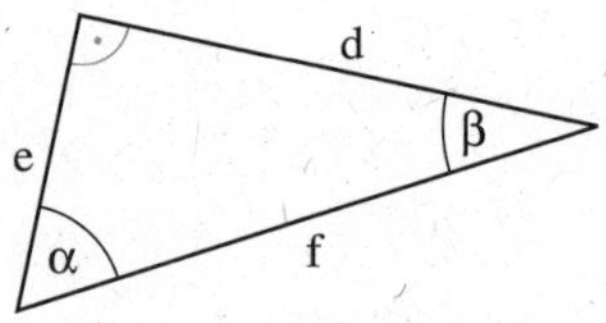

sin β = ___ sin γ = ___ sin α = ___ sin γ = ___ sin α = ___ sin β = ___

cos β = ___ cos γ = ___ cos α = ___ cos γ = ___ cos α = ___ cos β = ___

tan β = ___ tan γ = ___ tan α = ___ tan γ = ___ tan α = ___ tan β = ___

3. Gib für die Streckenverhältnisse den Sinus, Kosinus bzw. Tangens mit dem entsprechenden Winkel an.

a)

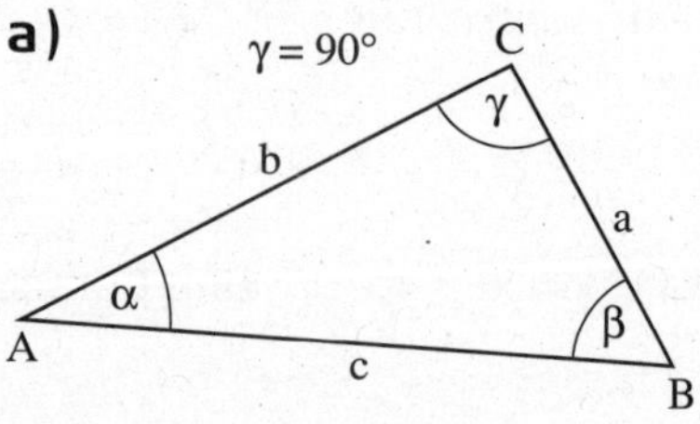

b)

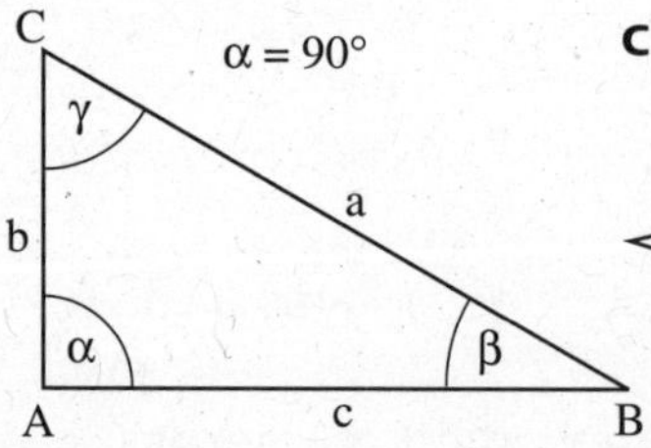

c)

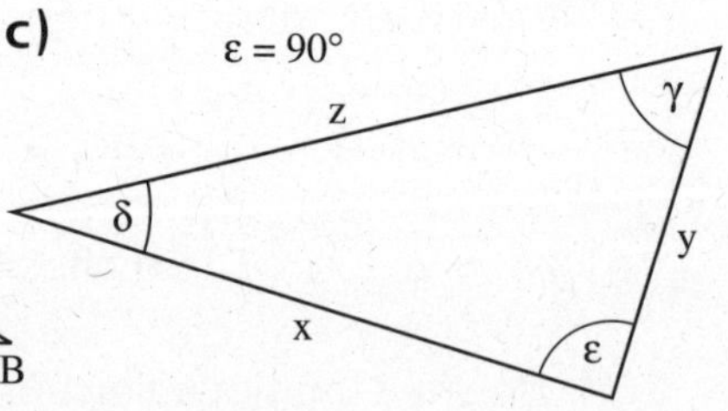

$\frac{a}{c}$ = ________ = ________ $\frac{b}{a}$ = $\frac{y}{z}$ =

$\frac{b}{c}$ = ________ = ________ $\frac{c}{a}$ = $\frac{x}{z}$ =

$\frac{a}{b}$ = ________ $\frac{b}{c}$ = $\frac{y}{x}$ =

Berechnungen im rechtwinkligen Dreieck

1. Berechne. Runde auf vier Stellen nach dem Komma.

a)

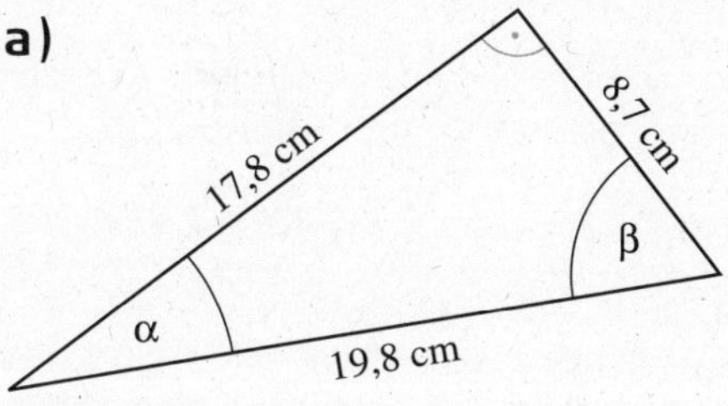

sin β = ______________ ≈ ______________

cos β = ______________ ≈ ______________

cos α = ______________ ≈ ______________

tan α = ______________ ≈ ______________

b)

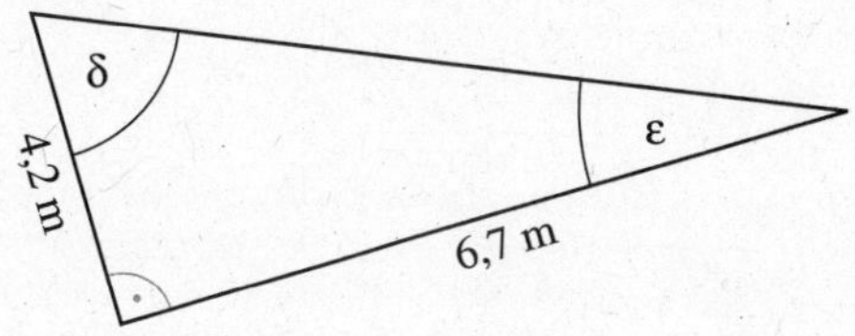

cos δ = ______________ ≈ ______________

sin δ = ______________ ≈ ______________

sin ε = ______________ ≈ ______________

tan δ = ______________ ≈ ______________

2. Berechne die grau markierte Größe.

a)

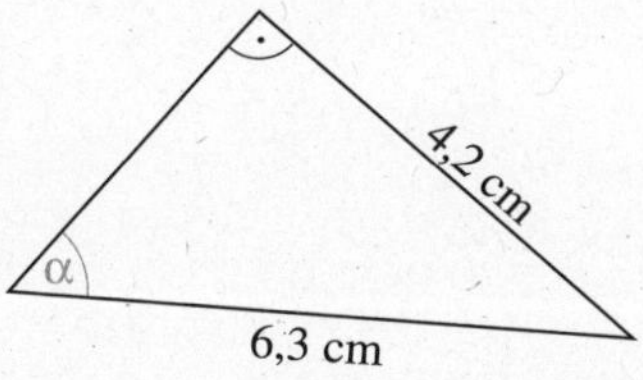

sin α = ______________ ≈ ______________

α = ______________

b)

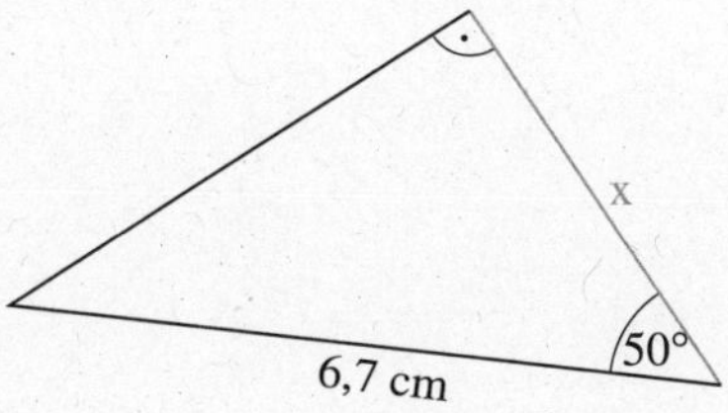

cos 50° = ______________

x = ______________ x = ________

c)

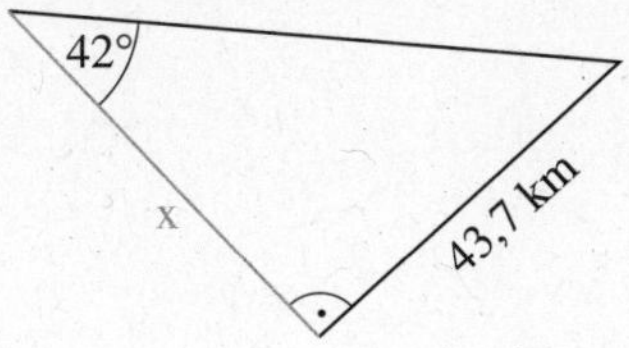

____

____

d)

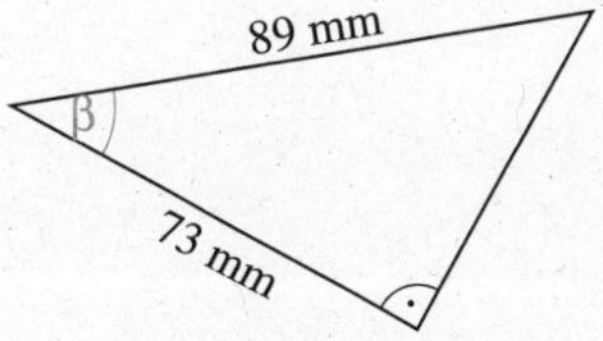

____

____

e)

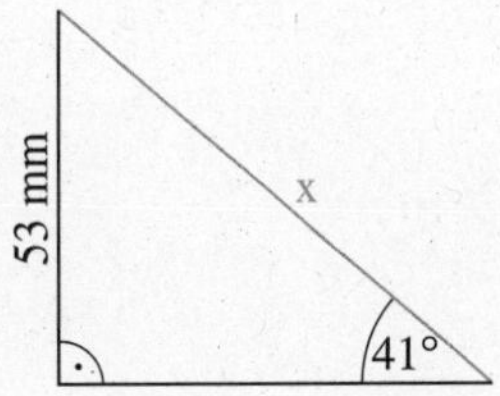

____

____

f)

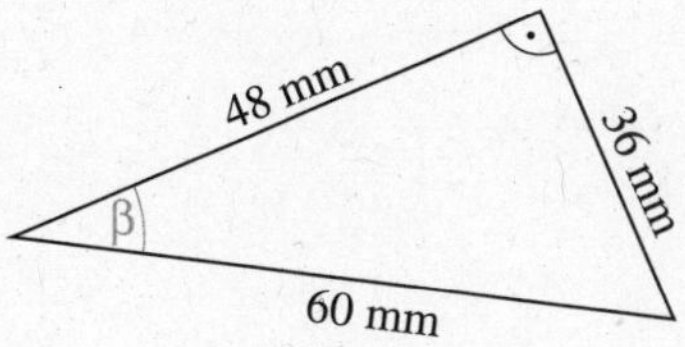

____

____

Berechnungen im gleichschenkligen Dreieck

1. Konstruiere das Dreieck und berechne die fehlenden Stücke sowie den Flächeninhalt.

a)

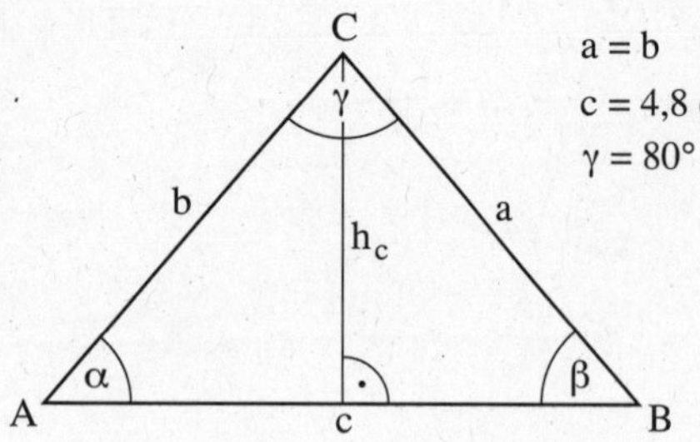

$a = b$
$c = 4{,}8$ cm
$\gamma = 80°$

b)

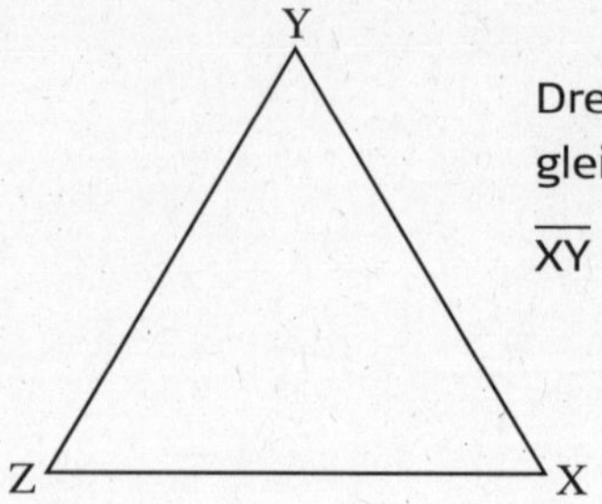

Dreieck XYZ ist gleichseitig.

$\overline{XY} = 3{,}9$ cm

Konstruktion:

Rechnung:

2. a) Rechteck ABCD

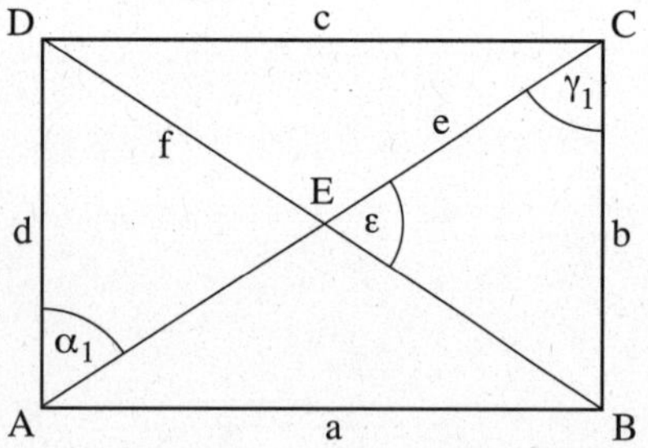

$a = 6{,}2$ cm
$b = 4{,}1$ cm

Welche Dreiecke sind gleichschenklig?

___

Berechne e, α_1, γ_1, ε.

b) Drachenviereck ABCD

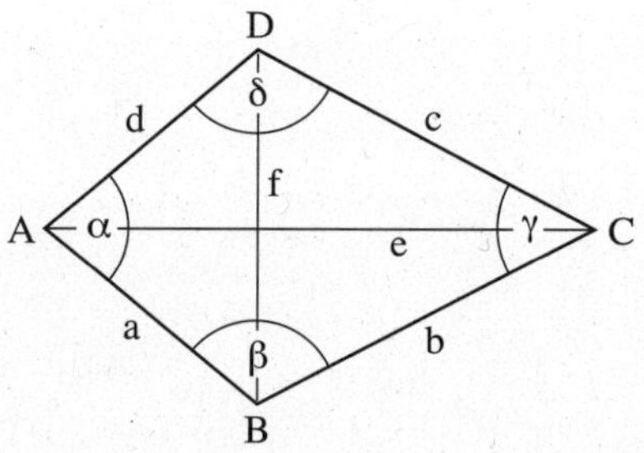

$a = 4{,}9$ cm
$b = 6{,}7$ cm
$\alpha = 80°$

Welche Dreiecke sind gleichschenklig?

___

Berechne f, β, γ.

Berechnungen im beliebigen Dreieck – Sinus- und Kosinussatz

1. Färbe die x gegenüber liegende Größe rot. Stelle eine Gleichung nach dem Sinussatz auf und forme sie nach x um.

a)

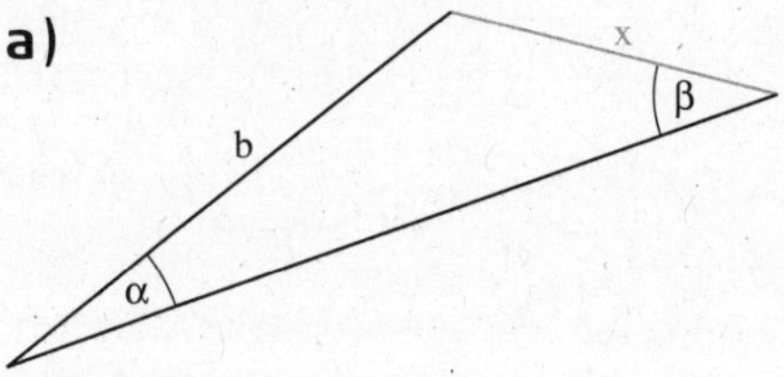

$\frac{x}{\underline{\qquad}} = \underline{\qquad}$

$x = \underline{\qquad}$

b)

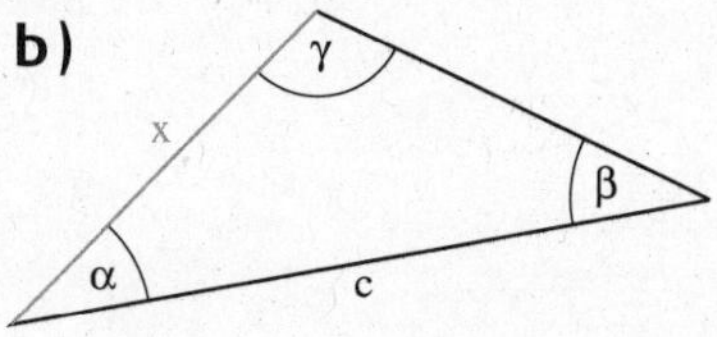

$\frac{x}{\underline{\qquad}} = \underline{\qquad}$

$x = \underline{\qquad}$

c)

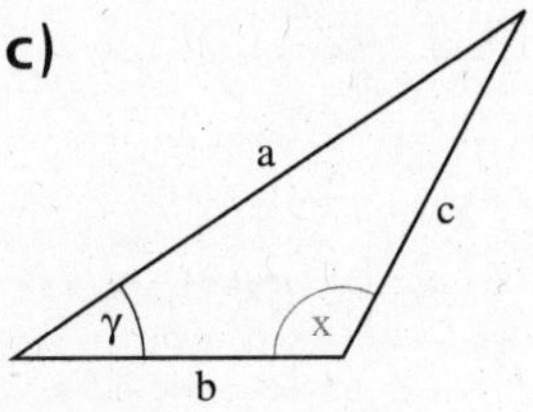

$\frac{\sin x}{\underline{\qquad}} = \underline{\qquad}$

$\sin x = \underline{\qquad}$

2. Markiere in einer Skizze die gegebenen Größen im Dreieck ABC farbig. Konstruiere das Dreieck und berechne die gesuchte Größe.

a) $a = 7{,}5$ cm; $c = 6{,}0$ cm; $\alpha = 100°$
Berechne γ.

Skizze:

Konstruktion:

Rechnung:

b) $a = 3$ cm; $c = 5$ cm; $\gamma = 90°$
Berechne β.

Skizze:

Konstruktion:

Rechnung:

3. Stelle eine Gleichung nach dem Kosinussatz auf, um x zu berechnen.

a)

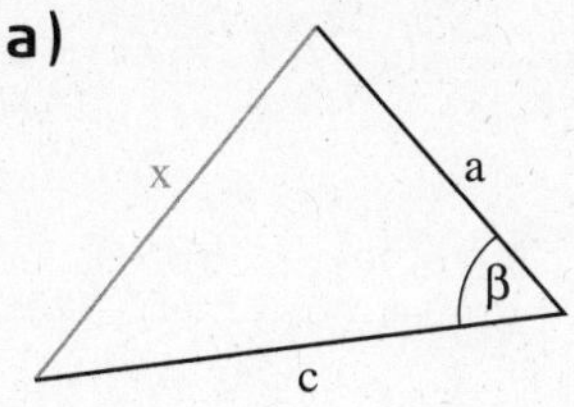

$x^2 = \underline{\qquad}$

b)

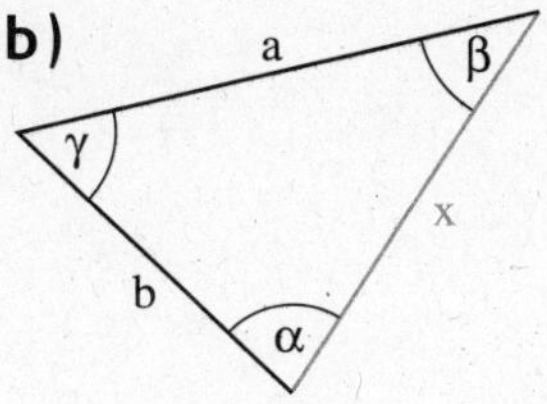

$x^2 = \underline{\qquad}$

c)

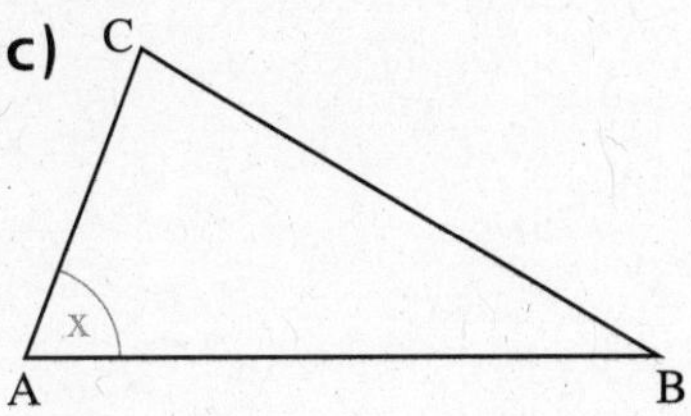

$\cos x = \underline{\qquad}$

4. Markiere in einer Skizze die gegebenen Größen im Dreieck ABC farbig. Konstruiere das Dreieck und berechne die in der Klammer angegebene Größe.

a) $a = 2{,}5$ cm; $b = 4{,}0$ cm; $\gamma = 120°$ (c)

Skizze:

Konstruktion:

Rechnung:

b) $a = 3$ cm; $b = c = 5$ cm (β)

Skizze:

Konstruktion:

Rechnung:

Berechnen des Flächeninhalts eines Dreiecks

1. Ein Flurstück wurde neu vermessen. Ermittle den Flächeninhalt.

Skizze:

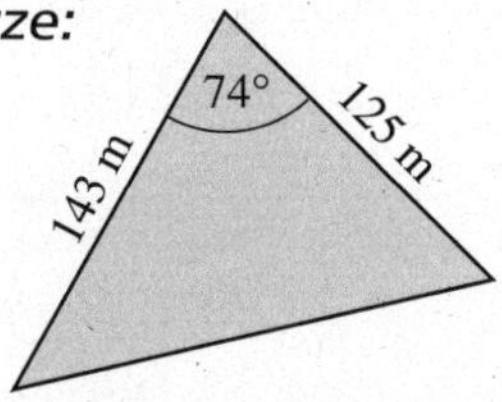

Rechnung:

Antwort: ___

2. Schüler einer 10. Klasse wollen die Größe des dreieckigen Waldstücks vor ihrer Schule bestimmen. Sie ermitteln dessen Seitenlängen mit 370 m, 244 m und 169 m.
Bestimme die Größe des Waldstücks in Hektar.

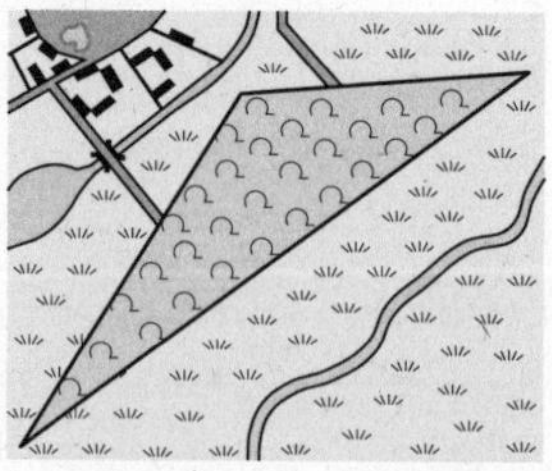

Rechnung:

Antwort: ___

Berechnen von Vielecken – Anwendungen

1. Ein viereckiges Flurstück wurde neu vermessen. Ermittle den Umfang in m und den Flächeninhalt in ha.

Rechnung:

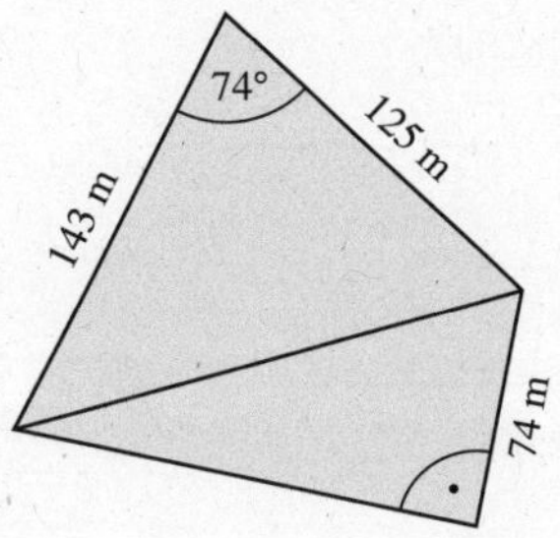

Antwort: ______________________________

2. Für die Königlich Sächsische Landvermessung von 1872 wurde bei Großenhain von Raschütz bis Quersa eine 8,9 km lange Grundlinie abgesteckt. Sie bildet im Norden mit der Station Strauch ein Dreieck. Die Station Strauch wurde von Raschütz mit $\alpha = 49°$ und von Quersa mit $\beta = 79°$ angepeilt.

a) Zeichne das Dreieck in einem geeigneten Maßstab. Markiere die Grundlinie farbig.

Zeichnung:

b) Berechne die Entfernung der Grundlinienendpunkte zur Station Strauch.

Rechnung:

Antwort: ______________________________

3. Die Küstenwache hat in der Station K die Notsignale eines Seglers A empfangen. Sie alarmiert ein Rettungsboot, das nur einige Seemeilen (sm) entfernt in B ankert. Die Vermessung durch die Küstenwache ergibt: $\overline{AK} = 6{,}5$ sm; $\overline{BK} = 7{,}8$ sm; $\sphericalangle$ BKA = 44,8°. Wie viel Kilometer sind die Boote voneinander entfernt (1 sm = 1,852 km)?

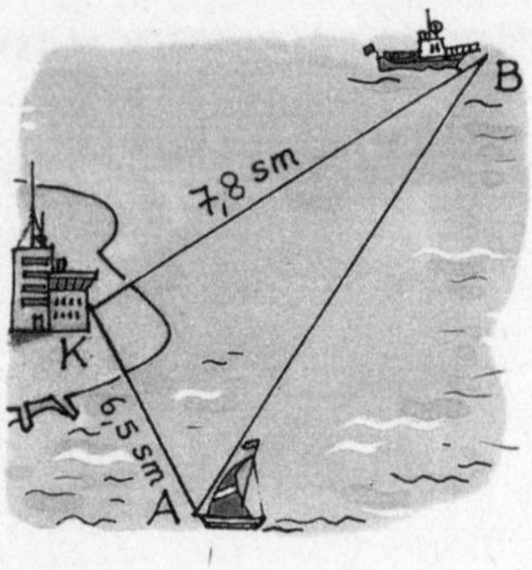

(1) *zeichnerische Lösung:*

(2) *rechnerische Lösung:*

Antwort: ______________________________

4. Im Viereck ABCD sind $\overline{AB} = 72{,}9$ m; $\overline{AD} = 85{,}0$ m und $\beta = 117°$. Berechne den Flächeninhalt und den Umfang des Vierecks.

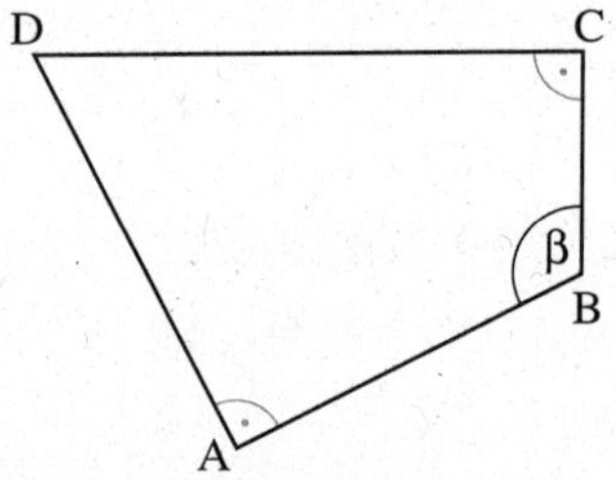

Rechnung:

Antwort: ______________________________

3. Wachstums- und Abnahmeprozesse, Exponentialfunktionen

Lineare und exponentielle Wachstumsprozesse

1. Carla spart für eine Reise. Zum 17. Geburtstag machen ihr die Eltern folgende Angebote:

Angebot A: Carla erhält sofort 200 € und bis zum 18. Geburtstag monatlich 10 €.
Angebot B: Carla erhält 3 €, dann jeden Monat bis zum 18. Geburstag das Eineinhalbfache des im Vormonat erhaltenen Betrages (Carlas Eltern rechnen auch mit den Centbruchteilen).

a) Ergänze die Tabelle bis zum 18. Geburtstag.

	Kontostände in Euro	
	Angebot A	*Angebot B*
17. Geburtstag	200	3,00
1. Monat		4,50
2. Monat		6,75
3. Monat		10,125
4. Monat		
5. Monat		
6. Monat		
7. Monat		
8. Monat		
9. Monat		
10. Monat		
11. Monat		
18. Geburtstag		

Zum Vergleich notiert Carla die monatlichen Kontostände in einer Tabelle.
Für welches Angebot sollte sich Carla entscheiden?
Begründe deine Antwort.

b) Die monatlichen Zahlungen sollen noch ein Jahr fortgesetzt werden. Äußere dich zur Entwicklung der Kontostände.

c) Veranschauliche die Kontostände der beiden Angebote.

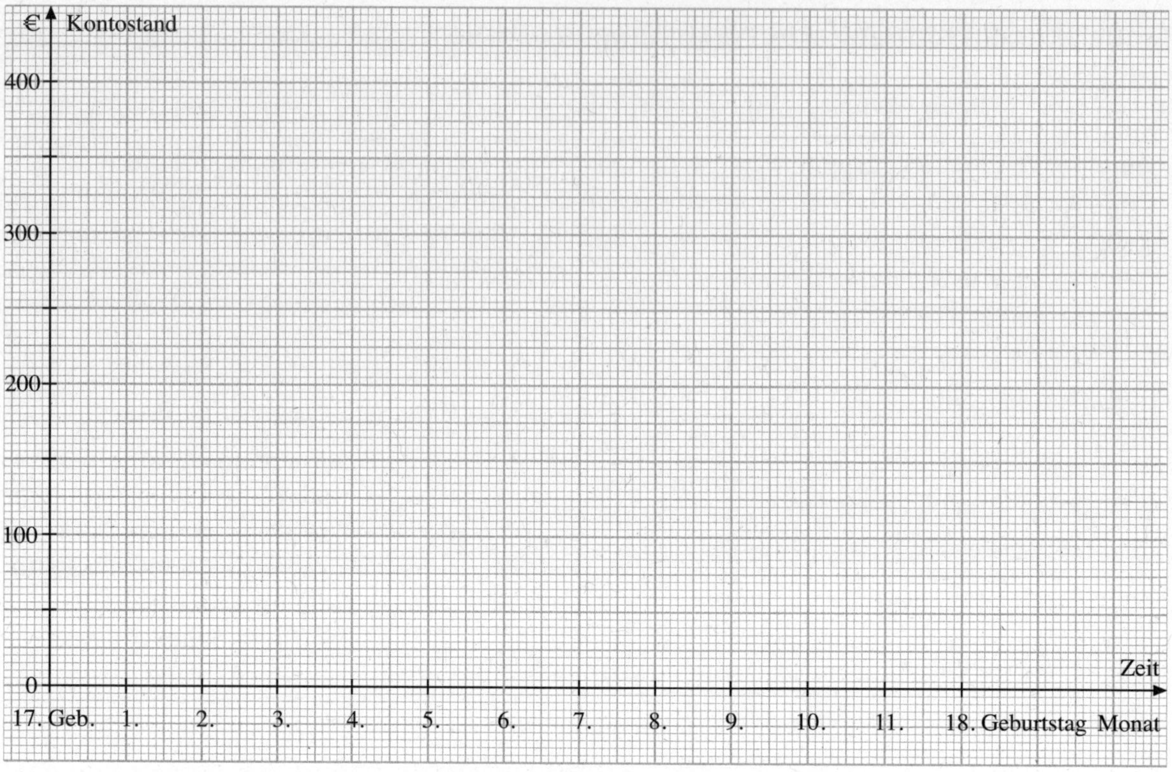

d) Gib die zugehörigen Funktionsgleichungen an. Welches Wachstum liegt vor?

Angebot A: ______________________ ______________________________

Angebot B: ______________________ ______________________________

2. Eine Bakterienkultur besteht um 10.00 Uhr aus 100 Bakterien und wächst stündlich mit dem Wachstumsfaktor 1,4.

a) Ergänze die Tabelle.

Zeit	8.00 Uhr	9.00 Uhr	10.00 Uhr	11.00 Uhr	12.00 Uhr	13.00 Uhr
Anzahl der Bakterien			100			

b) Beschreibe das Wachstum mithilfe einer Funktionsgleichung: y = ______________

c) Finde durch Probieren.
(1) Wann hat sich die Anzahl der Bakterien verdoppelt?

____

____

(2) Wann waren es nur 50 Bakterien?

____

____

Lineare und exponentielle Abnahmeprozesse

1. Die Firma Grüne kauft für 82 000 € eine neue Maschine. Der Wert der Maschine nimmt jedes Jahr ab.
Es gibt verschiedene Berechnungsmodelle, z. B.:
(1) Der Wert der Maschine nimmt jedes Jahr um 10 % des Neuwertes ab, also um 8 200 €.
(2) Nach jeweils einem Jahr besitzt die Maschine nur noch das 0,8fache des Wertes aus dem Vorjahr.

a) Berechne den Wert der Maschine nach beiden Berechnungsmodellen.

Alter x der Maschine (in Jahren)	0	1	2	3	4	5	6
Wert y der Maschine (in €)	82 000						

− 8 200

Alter x der Maschine (in Jahren)	0	1	2	3	4	5	6
Wert y der Maschine (in €)	82 000	65 600	52 480				

· 0,8 · 0,8

b) Stelle die Wertentwicklung für beide Berechnungsmodelle grafisch dar. Zeichne in einem geeigneten Koordinatensystem in deinem Heft.

c) Vergleiche für beide Berechnungsmodelle die Wertentwicklung der Maschine.

____

____

____

____

d) Lies für jedes Berechnungsmodell aus der grafischen Darstellung ab:
Welchen Wert hat die Maschine nach $2\frac{1}{2}$ Jahren?

(1) ______________ (2) ______________

Wann hat sich der Wert der Maschine halbiert?

(1) ______________ (2) ______________

e) Gib für jedes Berechnungsmodell eine Funktionsgleichung an.

(1) ______________ (2) ______________

Prozentuale Wachstums- und Abnahmeprozesse

1. Ein Kapital von 4000 € wird zu 5 % verzinst. Die Zinsen werden nicht ausgezahlt.

a) Zeichne einen Graphen der Funktion *Anzahl der Jahre → Kapital (in €)*.

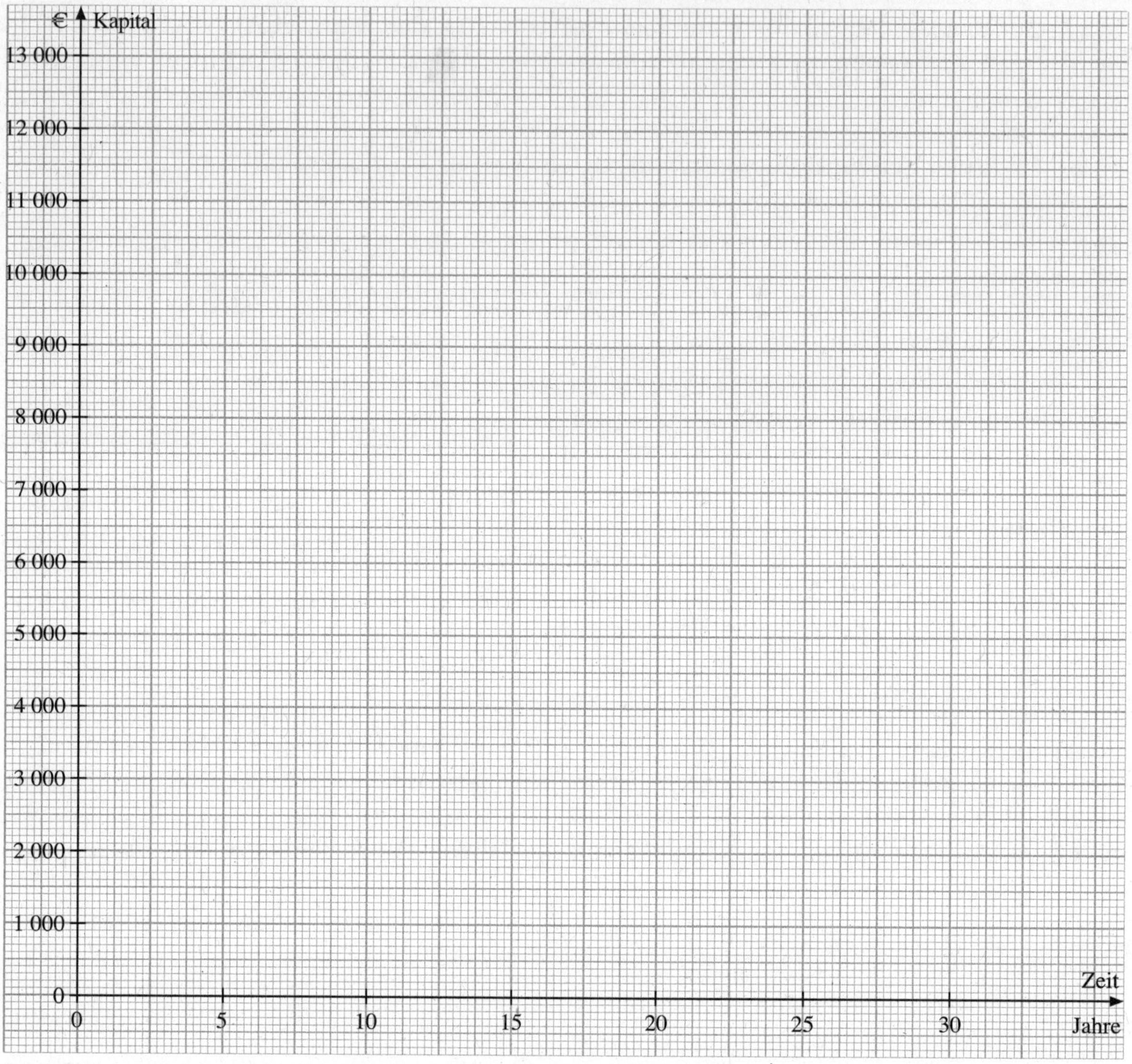

b) Lies aus dem Diagramm näherungsweise ab.

(1) Das Kapital beträgt nach 18 Jahren ____________ €.

(2) Nach ____________ Jahren ist das Kapital auf 6000 € angewachsen.

(3) Das Kapital hat sich nach ____________ Jahren verdoppelt.

c) Zeichne den Graphen der Funktion *Anzahl der Jahre → Kapital (in €)* bei einem Zinssatz von 7 % in das obige Koordinatensystem. Formuliere selbst Fragen und beantworte sie.

____

____

____

2. Fahrzeuge verlieren sehr schnell an Wert. Ein Fahrrad hat einen Neuwert von 1800 € und verliert jedes Jahr 20 % seines Wertes vom Vorjahr.

a) Veranschauliche in der Tabelle die Wertentwicklung.

Zeit (in Jahren)	Zeitpunkt Kauf	1. Jahr	2. Jahr	3. Jahr	4. Jahr	5. Jahr
Wert (in €)	1800					

b) Stelle den Sachverhalt grafisch dar.

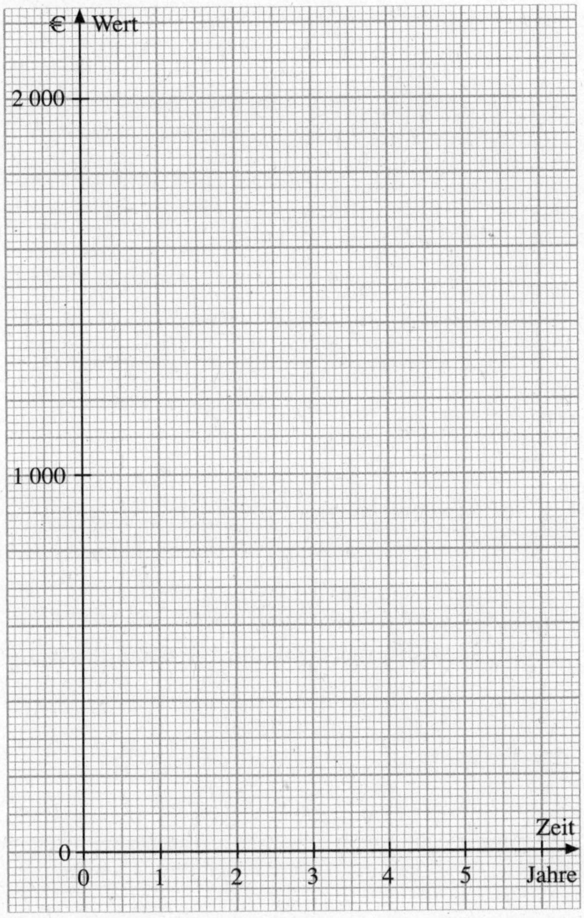

c) Stelle die Wertentwicklung nach fünf Jahren mithilfe einer Funktionsgleichung dar.

y = ____________________

d) Nach fünf Jahren soll ein neues Fahrrad für 2 000 € gekauft werden. Wie viel Euro müsste man ohne Berücksichtigung von Zinsen jährlich sparen, wenn das alte Fahrrad zum Restwert in Zahlung gegeben wird?

____

____

____

____

____

____

____

e) Entscheide, ob das neue Fahrrad nach fünf Jahren gekauft werden kann, wenn jeweils zu Jahresbeginn 260,00 € eingezahlt werden und mit 3 % Jahreszinsen verzinst wird.

Zeit (in Jahren)	Ende des 1. Jahres	Ende des 2. Jahres	Ende des 3. Jahres	Ende des 4. Jahres	Ende des 5. Jahres
Kapital (in €)					

Begründung: ____________________

____

4. Potenzfunktionen

Potenzfunktionen mit $y = x^2$, $y = x^3$ und $y = x^4$

1. a) Ergänze die Wertetabelle zu den Funktionen
(1) $y = x^2$ (2) $y = x^3$ (3) $y = x^4$.

x	$y = x^2$	$y = x^3$	$y = x^4$
−3			
−2,5			

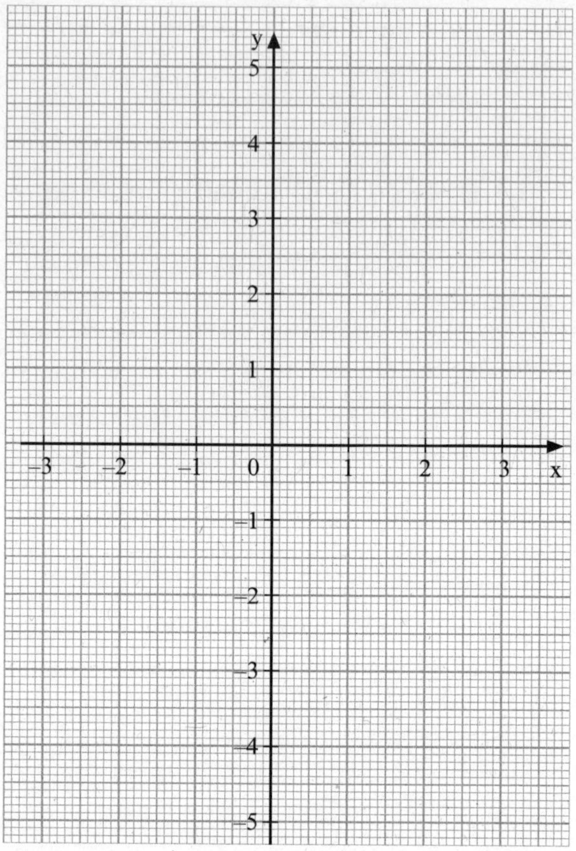

b) Zeichne die Graphen der Funktionen in das Koordinatensystem. Kennzeichne markante Punkte.

c) Notiere in der Tabelle Eigenschaften der Funktionen.

Funktion	$y = x^2$	$y = x^3$	$y = x^4$
Definitionsbereich			
Wertebereich			
Monotonie			
Nullstellen			

2. Die Punkte liegen auf dem Graphen der Funktion. Bestimme die fehlende Koordinate.

a) $y = x^2$ $P_1(-2|\_\_\_\_)$ $P_2(\_\_\_\_|9)$ $P_3(\_\_\_\_|6{,}25)$ $P_4(-1{,}2|\_\_\_\_)$

b) $y = x^3$ $P_1(-2|\_\_\_\_)$ $P_2(\_\_\_\_|125)$ $P_3(+\_\_\_\_|-64)$ $P_4(-1{,}5|\_\_\_\_)$

c) $y = x^4$ $P_1(-2|\_\_\_\_)$ $P_2(\_\_\_\_|81)$ $P_3(\_\_\_\_|256)$ $P_4(5|\_\_\_\_)$

3. Überprüfe, welche der Punkte auf dem Graphen der Funktion liegen. Kreuze an.

a) $y = x^2$ ☐ $P_1(-21|441)$ ☐ $P_2(35|1225)$ ☐ $P_3(-17|-289)$ ☐ $P_4(52|2704)$

b) $y = x^3$ ☐ $P_1(-12|1728)$ ☐ $P_2(0{,}5|-0{,}125)$ ☐ $P_3(1{,}7|4{,}913)$ ☐ $P_4(-5{,}8|-195{,}112)$

Potenzfunktionen mit $y = x^{-1}$ und $y = x^{-2}$

1. a) Ergänze die Wertetabelle zu den Funktionen (1) $y = x^{-1}$ (2) $y = x^{-2}$.

x	−3	−2	−1,5	−1	−0,5	−0,25	0	0,25	0,5	1	1,5	2	3
$y = x^{-1}$													
$y = x^{-2}$													

b) Zeichne die Graphen in das Koordinatensystem bei 2. Kennzeichne markante Punkte.

2. Die Punkte liegen jeweils auf dem Graphen der Funktion. Bestimme die fehlenden Koordinaten.

a) $y = x^{-1}$ $P_1(-2|\_\_\_\_)$ $P_3(\_\_\_\_|-0{,}4)$

$P_2(\_\_\_\_|2)$ $P_4(8|\_\_\_\_)$

b) $y = x^{-2}$ $P_1(-2|\_\_\_\_)$ $P_3(-\_\_\_\_|6{,}25)$

$P_2(-\_\_\_\_|4)$ $P_4(6|\_\_\_\_)$

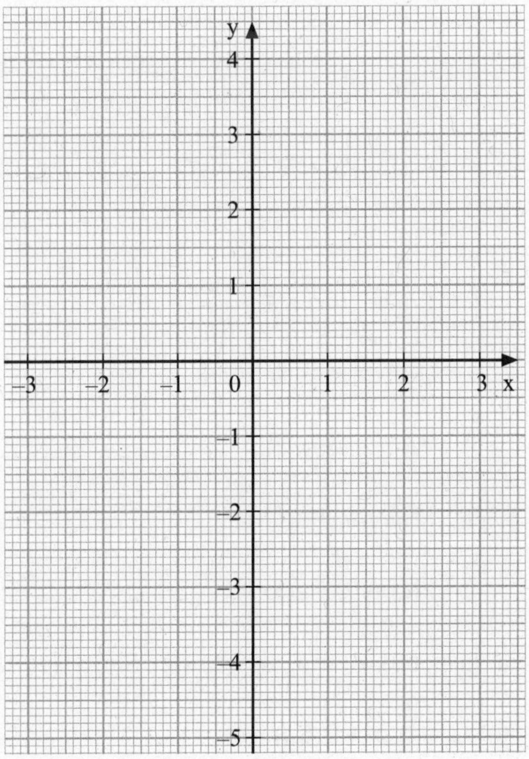

3. Überprüfe, welche der Punkte auf dem Graphen der Funktion liegen. Kreuze an.

a) $y = x^{-1}$ ☐ $P_1(-7|-\frac{1}{7})$ ☐ $P_3(-16|0{,}0625)$

☐ $P_2(8|-\frac{1}{8})$ ☐ $P_4(0{,}2|5)$

b) $y = x^{-2}$ ☐ $P_1(-21|\frac{1}{441})$ ☐ $P_3(14|-\frac{1}{196})$

☐ $P_2(-0{,}6|-1{,}5625)$ ☐ $P_4(0{,}1|0{,}01)$

4. Vervollständige die Tabelle zu den Funktionseigenschaften.

Funktion	$y = x^{-1}$	$y = x^{-2}$
Definitionsbereich		
Wertebereich		
Monotonie		
Nullstellen		
markante Punkte		

5. Für eine mechanische Schwingung gilt: $f = T^{-1}$. Dabei steht f für die Frequenz (in Hertz; $1\text{ Hz} = 1\text{s}^{-1}$) und T für die Periodendauer. Ergänze die Tabelle.

T (in s)	2		0,2		0,00005
f (in Hz)		0,7		25	

5. Sinusfunktion

1. a) Lies den Sinuswert der eingezeichneten Winkel am Einheitskreis ab. Trage die Werte in die Tabelle und das Diagramm ein. Zeichne so den Graphen der Sinusfunktion.

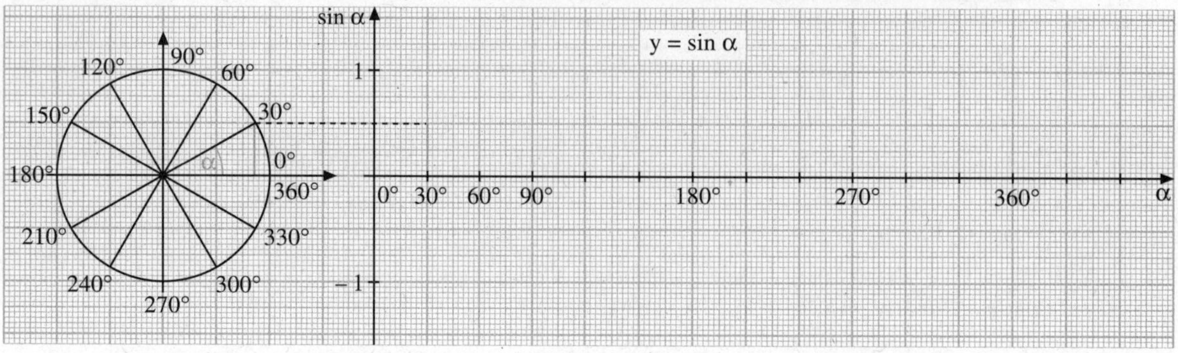

α	0°	30°	60°	90°	120°	150°	180°	210°	240°	270°	300°	330°	360°
sin α	0	0,5											

b) Ergänze die Eigenschaften der Sinusfunktion.

Definitionsbereich: ______________

Wertebereich: ______________

kleinste Periode: ______________

kleinste Periode: ______________

Monotonie:

$y = \sin\alpha$ fällt: ______________

steigt: ______________

Nullstellen ($0 \leq \alpha \leq 360°$): ______________

2. Lies aus dem Graphen der Sinusfunktion ab, für welche Winkel α ($0 \leq \alpha \leq 360°$) gilt:

a) $\sin\alpha = 0{,}5$ für $\alpha_1 =$ ________ $\alpha_2 =$ ________

b) $\sin\alpha = 0{,}7$ für ______________

c) $\sin\alpha = -0{,}5$ für ______________

d) $\sin\alpha = -0{,}9$ für ______________

e) $\sin\alpha = 1$ für ______________

f) $\sin\alpha = 0$ für ______________

3. Finde den Winkel α_2 ($0 \leq \alpha_2 \leq 360°$), für den gilt: $\sin\alpha_1 = \sin\alpha_2$.

a) $\alpha_1 = 15°$, $\alpha_2 =$ ________

$\alpha_1 = 73°$, $\alpha_2 =$ ________

b) $\alpha_1 = 120°$, $\alpha_2 =$ ________

$\alpha_1 = 240°$, $\alpha_2 =$ ________

c) $\alpha_1 = 335°$, $\alpha_2 =$ ________

$\alpha_1 = 275°$, $\alpha_2 =$ ________

4. Verbinde Winkel mit dem gleichen Sinuswert.

13° 52° 211° 27° 351° 310° 146° 321° 79° 255° 107° 68°

17° 189° 285° 230° 329° 112° 73°

128° 34° 153° 101° 167° 219° 163°

6. Häufigkeitsverteilungen – Kennwerte

Kenngrößen statistischer Erhebungen

1. Die Schüler der Klasse 10 der Schule „An den Obstwiesen“ wurden gefragt, welche der Früchte Apfel, Banane und Mandarine sie in der Frühstückspause bevorzugen.
Die Befragung lieferte folgende Antworten:

Ergebnisse der Befragung (Urliste)

Banane	Banane	Apfel	Banane	Banane
Mandarine	Apfel	Banane	Banane	Apfel
Mandarine	Banane	Banane	Mandarine	Banane
Banane	Apfel	Apfel	Banane	Banane
Mandarine	Apfel	Mandarine	Apfel	Apfel
Apfel	Banane	Banane	Mandarine	Banane

a) Ergänze die Tabelle.

Ergebnis			
absolute Häufigkeit			
relative Häufigkeitv			
relative Häufigkeit in Prozent			
Winkel im Kreisdiagramm			

b) Veranschauliche das Ergebnis der Befragung in einem Streifendiagramm und in einem Kreisdiagramm.

2. Mit dem Echolot kann man die Meerestiefe messen. Dazu werden Schallwellen ausgesendet, vom Meeresboden reflektiert und wieder empfangen. Am gleichen Ort durchgeführte Messungen ergaben folgende Wassertiefen (in m):

1225,8   1226,2   1225,4   1225,0
1226,3   866,4   1226,8

a) Bestimme das arithmetische Mittel: ______________________

und die Spannweite: ______________________

b) Erkläre, welchen Einfluss die offensichtlich falsche Messung auf das arithmetische Mittel hat.

Antwort: ______________________

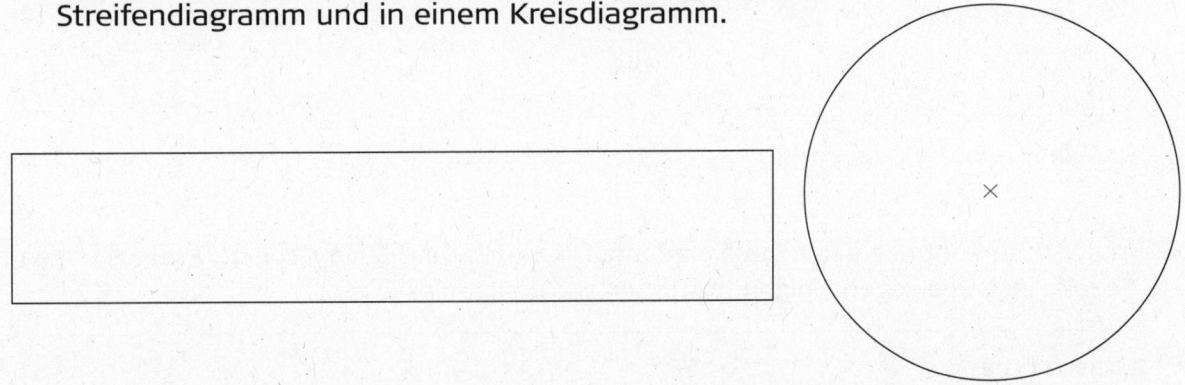

3. Die Mädchen der Klasse 10 zählen im Sportunterricht die "Sit-ups" in 90 s.

28 62 34 42 42 68 72 54 46 18 90 50 18 17 62 45 30 79 22 55

a) Ergänze die Tabelle.

Anzahl „Sit-ups"	0–20	21–40	41–60	61–80	> 80
absolute Häufigkeit					
relative Häufigkeit					
Anteil (in %)					

b) Berechne das arithmetische Mittel der Stichprobe.

arithmetisches Mittel: ______________________________

c) Stelle den Sachverhalt in einem Säulendiagramm und einem Kreisdiagramm dar.

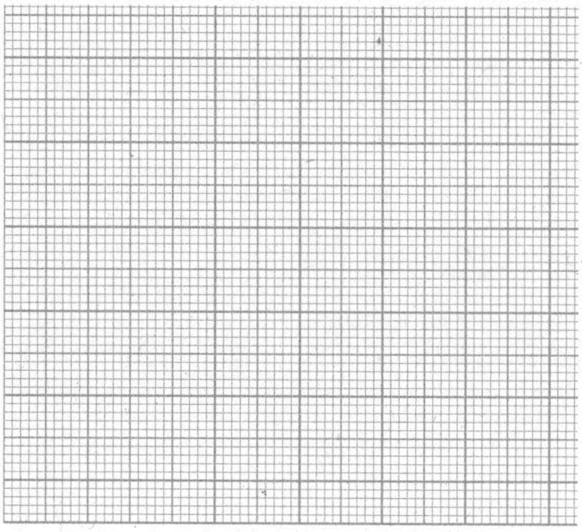

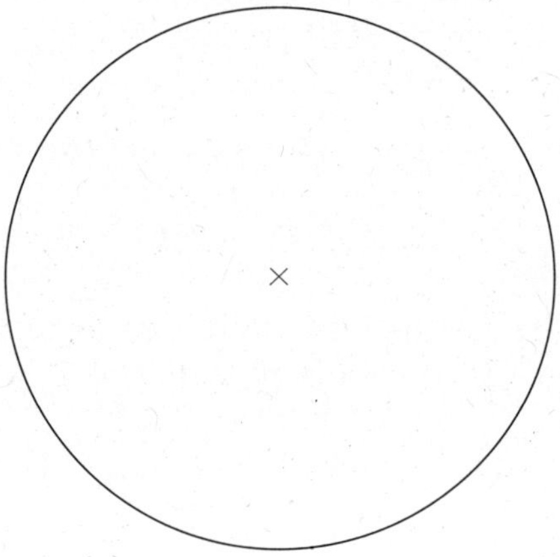

4. In der Güterkontrolle einer Schokoladenfabrik wurde eine Stichprobe 100-g-Packungen Schokolinsen gewogen. Folgende Massen wurden gemessen:

Masse (in g)	96	97	98	99	100	101	102	103	104
Anzahl der Packungen	3	0	7	19	53	61	46	7	4

a) Berechne das arithmetische Mittel und die Spannweite.

arithmetisches Mittel: ________________ Spannweite: ________________

b) Formuliere den Gütekontrollbericht.

____

____

Statistische Erhebungen – kritisch betrachtet

1. Fliesen-Fritze ist glücklich. Sein Gewinn hat sich dank der neuen Sorte „Spanisches Gold" vervierfacht.

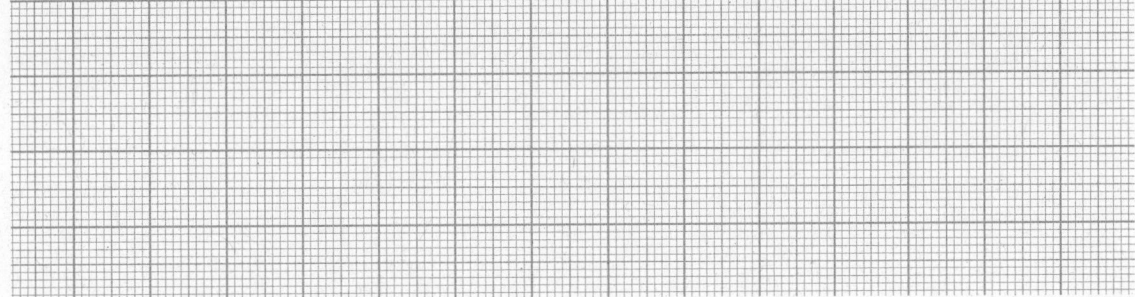

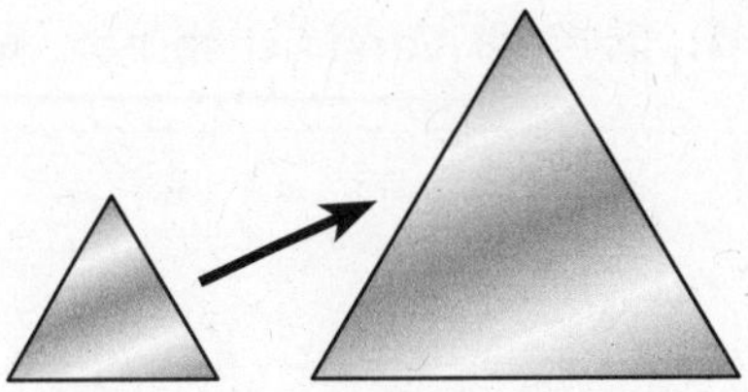

a) Lehrling Johnny zeichnet hierzu die Abbildung rechts. Ist der Sachverhalt exakt dargestellt? Begründe.

Antwort: ______________________________

b) Zeichne ein weiteres Fliesendiagramm, das den Sachverhalt exakt wiedergibt.

2. Die zehn Mitarbeiter der Firma Wucher fordern eine Lohnerhöhung: „Wir arbeiten sehr hart und verdienen nur wenig."
Der Chef lehnt ab: „Ihr verdient durchschnittlich weit mehr als 2000 € im Monat."
Zur Zeit erhalten die Mitarbeiter folgende monatliche Nettolöhne:

1250 €, 950 €, 950 €, 950 €, 1200 €, 1250 €, 12000 €, 950 €, 1000 €, 950 €

a) Bestimme arithmetisches Mittel und Spannweite.

b) Bewerte die Aussage des Firmenchefs.

Antwort: ______________________________

____

3. Die Suprabank erhöht den Zinssatz für Spareinlagen im neuen Jahr von 1,75 % auf 2,00 %. Stelle den Sachverhalt in zwei verschiedenen Diagrammen dar. Nutze dazu unterschiedliche Achseneinteilungen.

a) Für ein Poster der Verbraucherzentrale. **b)** Für ein Werbeplakat der Suprabank.

4. In einer Vergleichsarbeit erreichten die Schüler der Klassen 10A und 10B folgende Noten:

10A	3	4	3	4	4	4	3	4	3	2	3	5	3	3	5	3	3	5	3	4
10B	1	6	1	1	5	4	4	5	5	5	2	4	6	4	2	1	5	1	5	2

a) Berechne für beide Klassen die Spannweite, das arithmetische Mittel und die durchschnittliche Abweichung.

b) Lehrer Spitz sagt: „Meine 10B war ganz klar besser."
Nutze deine Daten, um Argumente für und gegen seine Aussage zu finden.
Zeichne jeweils ein Diagramm.

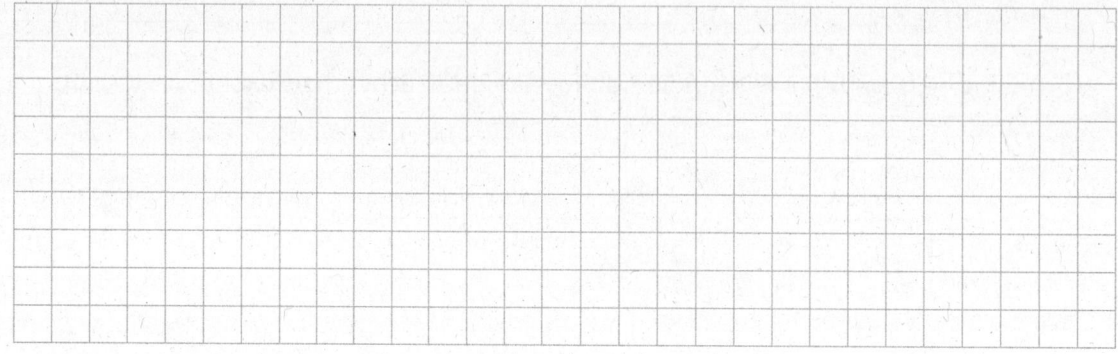

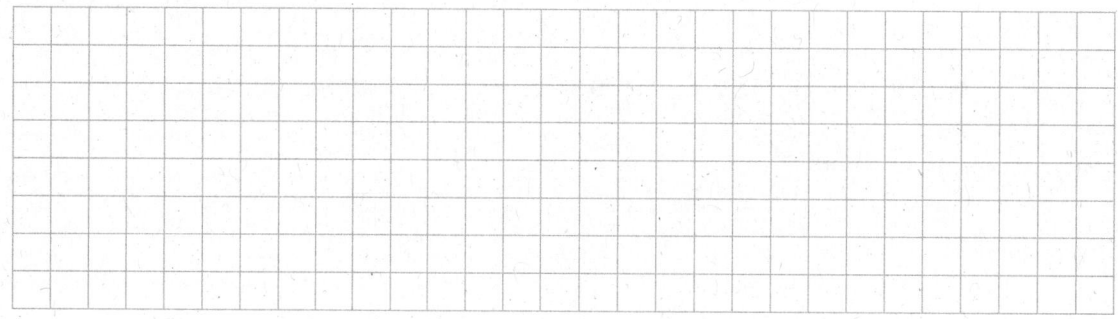

Klasseneinteilung von Daten

1. Bei einem Schwimmfest erreichen 50 Schüler beim 200-Meter-Brustschwimmen die in der folgenden Liste angeführten digitalen Zeiten (in min).

4,52	3,92	3,33	4,08	3,35	3,74	4,65	4,18	3,95	3,76
3,65	3,24	4,72	3,96	4,00	3,84	3,94	3,90	3,97	4,13
4,94	4,19	3,59	4,74	4,52	3,93	3,82	3,78	4,96	4,02
3,52	3,40	4,38	3,70	3,55	3,66	4,03	4,29	4,33	4,06
3,92	4,30	4,05	4,11	4,15	4,56	4,09	4,77	4,22	3,88

Berechne die relativen Häufigkeiten und zeichne ein Säulendiagramm.

Klasse	3,20 min bis 3,40 min	3,40 min bis 3,60 min	3,60 min bis 3,80 min	3,80 min bis 4,00 min	4,00 min bis 4,20 min	4,20 min bis 4,40 min	4,40 min bis 4,60 min	4,60 min bis 4,80 min	4,80 min bis 5,00 min
absolute Häufigkeit									
relative Häufigkeit									

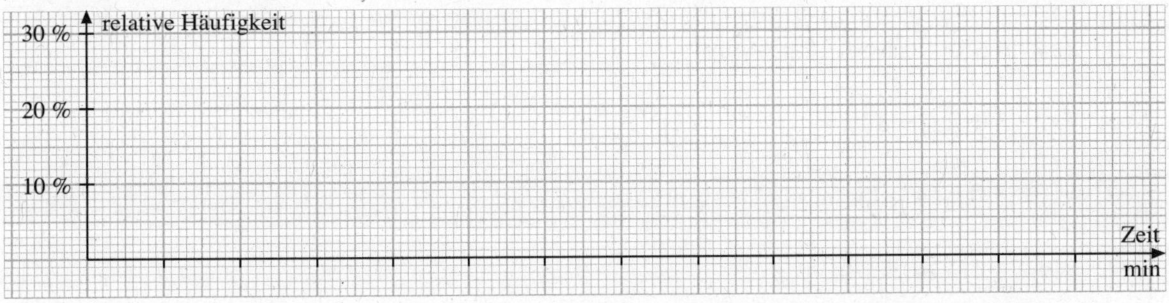

2. Im Biologieunterricht wird in einem Projekt die Herzfrequenz von 30 Schülern über die Pulsmessung erhoben. Folgende Urliste gibt die gemessenen Pulsschläge pro Minute an.

71	69	65	53	69	81	82	80	71	58	59	68	90	63	84
52	62	73	74	77	57	64	63	68	60	58	88	80	70	65

Klasse	52 – 59	60 – 67	68 – 75	76 – 83	84 – 91
absolute Häufigkeit					
relative Häufigkeit					

Berechne die relativen Häufigkeiten und zeichne ein Säulendiagramm.

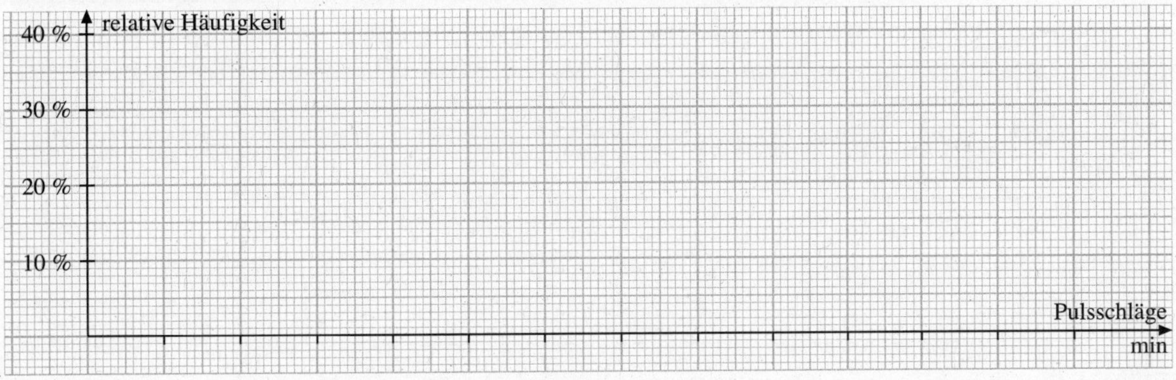

7. Aufgaben zur Vorbereitung auf die Abschlussprüfung

Zahlen – Terme – Gleichungen

1. Ergänze die Tabelle.

a	b	a + b	a – b	a · b	2 · (a – b)	$\frac{1}{2}$(a + b)	$\frac{1}{2}$a + b
6	3						
– 8	5						
– 10	– 24						
$\frac{1}{2}$	– 1						
0	$\frac{3}{8}$						

2. Löse die Klammern auf und fasse dann zusammen.

a) (3a – 7b) + (4,5a + 2b) = ______

b) (–7x + 3s) – (4x – 5,5 s) = ______

c) 7x (–3 + 2a) + 11x = ______

d) –(3x + 0,5) + 4 (1,5x – 2) = ______

e) (2a + 3b) (5a + 10b) = ______

f) (4n + 1) (7 – n) = ______

g) (6y – 3z) (–3z – 6y) = ______

h) (8u + 4v) (8u – 4v) = ______

3. Stelle je einen Term für den Umfang und den Flächeninhalt der gefärbten Fläche auf. Vereinfache die Terme.

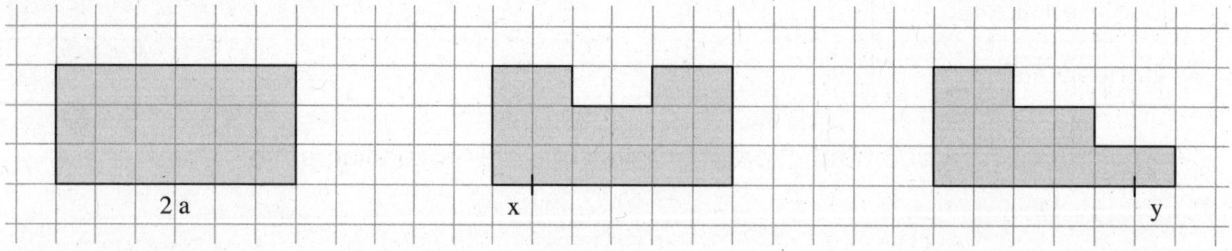

u = ______ u = ______ u = ______

u = ______ u = ______ u = ______

A = ______ A = ______ A = ______

A = ______ A = ______ A = ______

4. Löse die Gleichung und mache eine Probe.

a) $(13x - 5) \cdot 5 + 21 = (3 + 8x) \cdot 8$

b) $(x + 6)(x + 2) = x^2 + 7x + 15$

5. Bestimme die Lösungsmenge.

a) $x^2 = 361$

L = {___; ___}

b) $2x^2 = 2,88$

c) $x(x + 2,5) = 0$

d) $(x - 0,8) \cdot x = 0$

e) $(x + 1)(x - 4) = 0$

f) $(x - 2)(x - 5) = 0$

g) $x^2 - 9 = -2$

h) $2x^2 + 10 = 0$

6. Stelle geeignete Verhältnisgleichungen auf und berechne x und y.

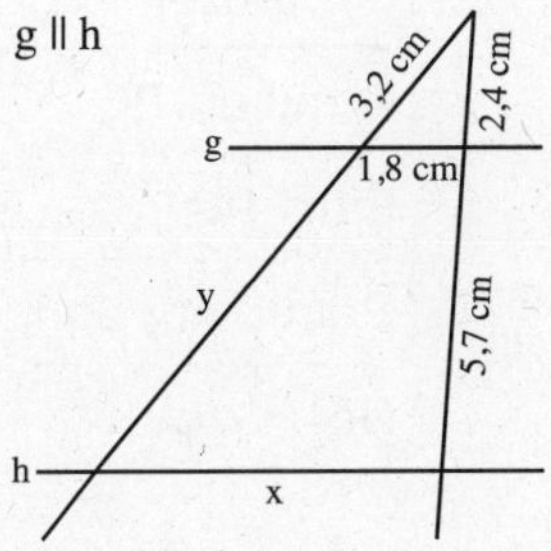

7. Ergänze so, dass die Verhältnisse gleich sind.

a) $\frac{2}{3} = \frac{\square}{15}$

b) $\frac{6}{8} = \frac{9}{\square}$

c) $\frac{11}{33} = \frac{\square}{\square}$

d) $5 : 2 = 1 : \square$

Prozent- und Zinsrechnung

1. Rechne im Kopf.

Grundwert	500	360	64			68	7 500		90
Prozentsatz	50 %	10 %		3 %	25 %		40 %	$33\frac{1}{3}$ %	99 %
Prozentwert			16	21	520	51		0,5	

2. a) Verlängere die Strecken.

(1) um 50 %

(2) um 10 %

(3) um 20 %

(4) um 25 %

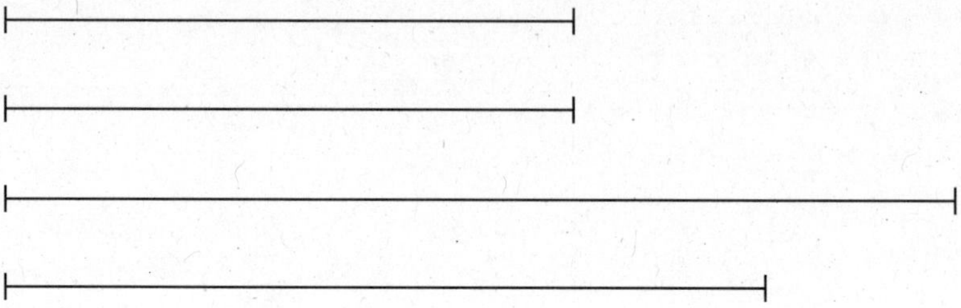

b) Vergrößere die Flächen.

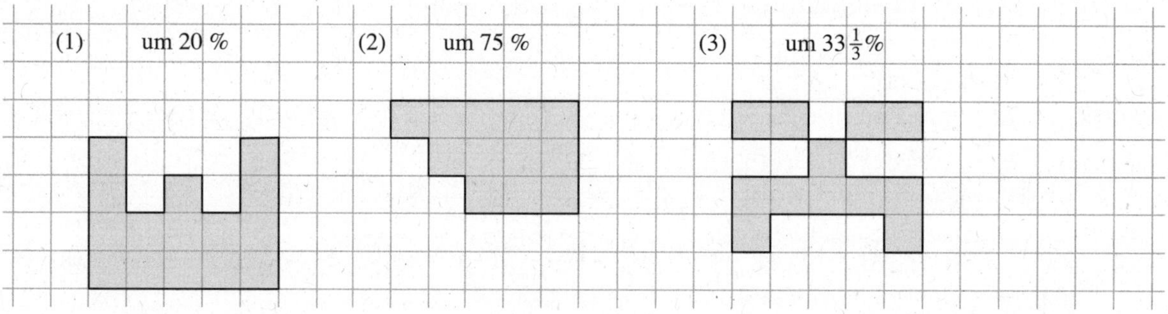

3. a) Der Computerservice H&C führt eine Aktionswoche durch. Ergänze die Übersicht.

Computer	alter Preis	Rabatt	Einsparung	neuer Preis
Familien-PC	900 €	5 %		
Büro-PC		10 %	130 €	
Heimcomputer			140 €	560 €
Notebook	1 600 €			1 360 €

b) Familie Beger kauft einen Familien-PC und ein Notebook. Wie viel Prozent des ursprünglichen Preises hat sie insgesamt zu bezahlen?

Antwort: ______________________________

4. Erkundige dich nach dem Mehrwertsteuersatz und berechne den Bruttopreis.

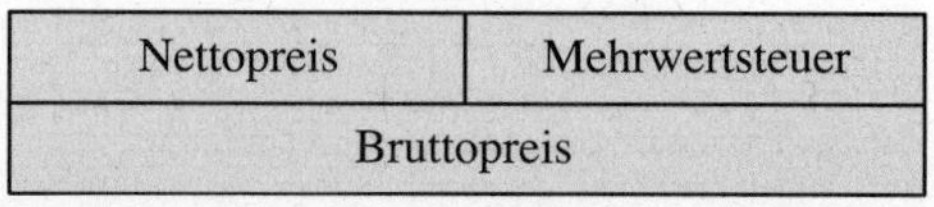

	a)	b)	c)	d)	e)	f)	g)
Nettopreis (in €)	63	790	1 400	5 100	259	17 500	54,30
Bruttopreis (in €)							

5. Um wie viel Prozent wurden die Strecken verlängert?

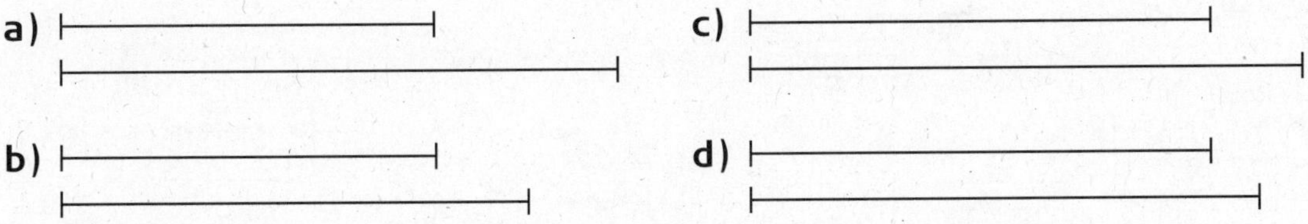

6. Um wie viel Prozent wurden die Strecken verkürzt?

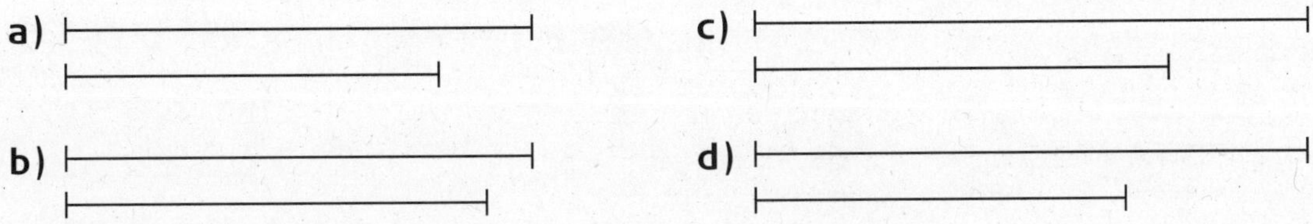

7. Die 48 Schüler der Klassen 10a und 10b wurden befragt, in wie vielen Arbeitsgemeinschaften bzw. Vereinen sie mitarbeiten.

Mitgliedschaft	keine	eine	zwei	drei oder mehr
Schüler	12	20	11	5

Stelle das Ergebnis der Befragung in einem Kreis- und einem Streifendiagramm dar.

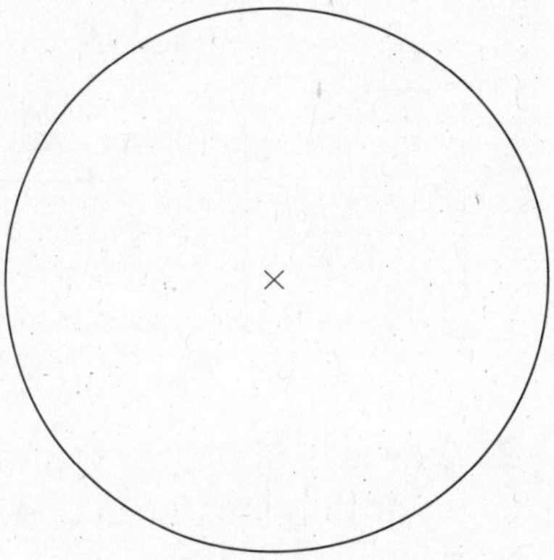

8. Berechne die fehlenden Angaben.

a) Erhöhung um 16 %

Alter Preis $\xrightarrow{\cdot\, 1{,}16}$ Neuer Preis; Neuer Preis $\xrightarrow{:\, 1{,}16}$ Alter Preis

Alter Preis (in €)			
Erhöhung um	12 %	3,5 %	
Faktor			1,21
Neuer Preis (in €)	76,80	350	740

b) Senkung um 12 %

Alter Preis $\xrightarrow{\cdot\, 0{,}88}$ Neuer Preis; Neuer Preis $\xrightarrow{:\, 0{,}88}$ Alter Preis

Alter Preis (in €)			
Senkung um	15 %	2,5 %	
Faktor			0,75
Neuer Preis (in €)	647	3200	240

9. Um wie viel Prozent wurden die Preise erhöht bzw. gesenkt?

Wochenkarte	Benzinpreis	Brot	Reinigung
alt: 15 €	alt: 1,599 €	alt: 1,75 €	alt: 3,70 €
neu: 16 €	neu: 1,559 €	neu: 1,80 €	neu: 4,50 €

10. Tobias behauptet: Wenn ich die Jahreszinsen und den dazugehörigen Zinssatz kenne, weiß ich, wie hoch das Sparguthaben am Jahresanfang war. Verbinde die Zinskarten mit den entsprechenden Guthaben.

Zinsen

93 €	3 %
29,93 €	4,1 %
21,42 €	2,8 %
54,40 €	3,2 %
119,97 €	3,1 %
21,46 €	2,9 %
79,54 €	2,5 %
68,95 €	3,5 %

Sparguthaben am Jahresanfang (in €)

740 3870
3100 765
1700 730
3181,60 1970

11. Ergänze die Tabelle.

Kapital	300 €	400 €	1500 €			850 €		720 €	3050 €
Zinssatz	2,5 %	3,5 %		3 %	1,5 %		2,6 %	2,3 %	
Jahreszins			30 €	42 €	60 €	29,75 €	7 €		125,05 €

12. Felix legt 800 € für vier Jahre an. Die Bank zahlt im ersten Jahr 2 %, im zweiten Jahr 2,6 %, im dritten Jahr 3,5 % und im vierten Jahr 4,5 %. Ermittle mithilfe der Tabelle sein Guthaben nach vier Jahren.

Jahr	Kapital am Jahresanfang	Zinssatz	Jahreszinsen	Kapital am Jahresende

13. Berechne die Zinsen für Bruchteile eines Jahres.

a) 680 € zu 2 % für 3 Monate: ______

b) 320 € zu 7,4 % für 7 Monate: ______

c) 1800 € zu $2\frac{1}{2}$ % für 14 Monate: ______

d) 4300 € zu 3 % für 63 Tage: ______

e) 12000 € zu 9,8 % für 84 Tage: ______

f) 8200 € 3,25 % für 275 Tage: ______

14. Fülle die Lücken aus.

a) 780 € bringen in 3 Monaten bei 4 %iger Verzinsung __________ € Zinsen.

b) 6000 € bringen in 36 Tagen bei __________ %iger Verzinsung 48 € Zinsen.

c) __________ € bringen in 30 Tagen bei 5 %iger Verzinsung 40 € Zinsen.

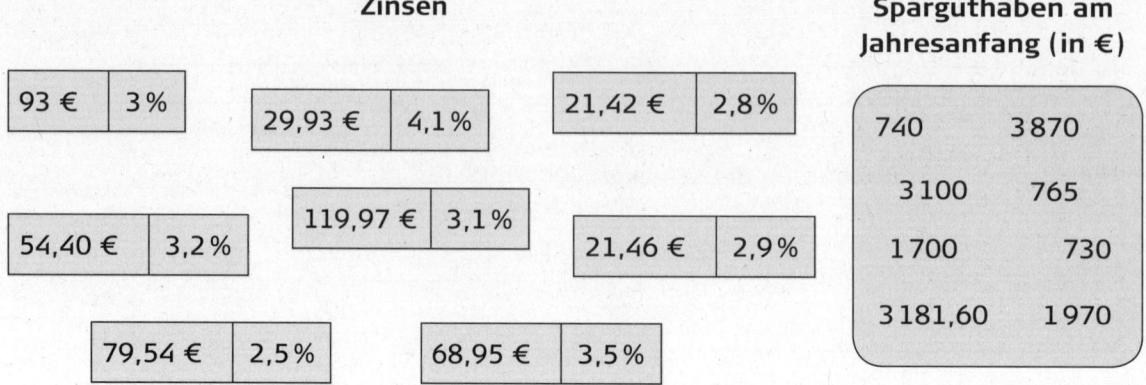

Daten und Zufall

1. An der Talschule wurden die Schülerinnen und Schüler befragt:
Welches soziale Netzwerk nutzt du?
An der Umfrage beteiligten sich 480 Schüler, 70 % davon waren Mädchen.
In der Schülerzeitung wurden die Zahlen in einer Tabelle veröffentlicht.

	Facebook	Skype	YouTube	Twitter	Google+
Mädchen	289	208	192	121	111
Jungen	135	89	94	29	45

a) Wie viele Mädchen beteiligten sich an der Umfrage? ____________________

b) Ermittle Minimum, Maximum und Spannweite der Befragung.

Minimum: ____________ Maximum: ____________ Spannweite: ____________

c) Entscheide, ob die Behauptungen in dem folgenden Artikel möglich sind. Begründe.

97 % aller Befragten sind Mitglied in einem sozialen Netzwerk.

Skype ist bei Mädchen und Jungen gleichermaßen beliebt. Aber der Renner ist Facebook. 94 % der Mädchen und 86 % der Jungen, also 81 % aller Befragten nutzen dieses Netzwerk. YouTube ist dagegen bei den Jungen beliebter als bei den Mädchen.

____

____

____

____

d) Stelle die Ergebnisse der Befragung in einem geeigneten Diagramm dar und schreibe einen kurzen Artikel für die Schülerzeitung.

2. Ein Glücksrad hat vier Sektoren mit den Farben Blau, Rot, Grün, Weiß.

Farbe	Blau	Rot	Grün	Weiß
Wahrscheinlichkeit	0,4	$\frac{1}{3}$	20 %	

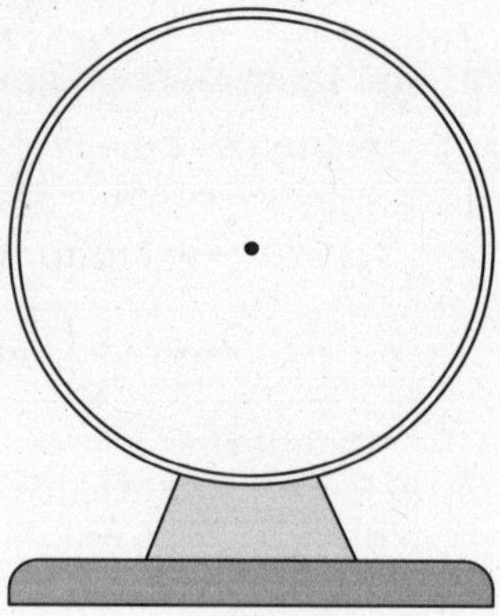

a) Ergänze die Tabelle.

b) Vervollständige das Glücksrad.

c) Das Glücksrad wird 60-mal gedreht.

(1) Wie oft erwartest du Blau? ____________________

(2) Wie oft erwartest du Grün? ____________________

d) Wie groß ist die Wahrscheinlichkeit, dass das Glücksrad

(1) nicht auf Blau stehen bleibt? ____________________

(2) auf Blau oder Grün stehen bleibt? ____________________

e) Das Glücksrad wird zweimal gedreht. Berechne die Wahrscheinlichkeit.

(1) Das Glücksrad bleibt zweimal auf Rot stehen: ____________________

(2) Das Glücksrad bleibt nicht auf Rot stehen: ____________________

(3) Das Glücksrad zeigt beide Male die gleiche Farbe: ____________________

3. In einem Korb befinden sich 20 Lose. Die Hälfte sind Nieten, 20 % sind Gewinne, die restlichen Lose sind Trostpreise. Chiara zieht zwei Lose.

a) Zeichne das vollständige Baumdiagramm und trage die Wahrscheinlichkeiten ein.

b) Berechne die Wahrscheinlichkeit für folgendes Ereignis:

(1) Beide Lose gewinnen: ____________

(2) Kein Los gewinnt: ____________

(3) Das erste Los gewinnt: ____________

(4) Kein Los ist eine Niete: ____________

Zuordnungen – Funktionen – lineare Gleichungssysteme

1. Im Stadtzentrum soll eine Tiefgarage entstehen. Um den dabei anfallenden Aushub abzutransportieren, setzt die Baufirma gleich große Lkw ein. Ergänze die Tabelle.

Anzahl Lkw	1	2	3	4	5	6	10	12	15
Fahrten je Lkw			60						

2. Berechne die fehlenden Größen:

a) Würfel

a	4,2 cm		
A_O		37,5 m²	
V			64 mm³

b) Zylinder

r	3,0 cm		1 dm
h	4,5 cm	9 m	
A_G		26 m²	
V			1 *l*

3. Dirk misst Spannung und Stromstärke an einem elektrischen Widerstand aus Konstantan. Ergänze die Tabelle. Beachte, dass hierbei das Ohm'sche Gesetz gilt.

U (in V)	1,4	2,1	2,8	3,5	4,9	7,0	8,5	10,0	11,3
I (in A)	0,050								

4. Zeichne die Graphen der Funktionen.

(1) $y = 1{,}5x$

(2) $y = -2x - 1$

(3) $y = x^2 + 0{,}5$

(4) $y = 4{,}2$

(5) $y = (x + 1{,}5)^2$

(6) $y = (x - 2)^2 - 3{,}5$

5. Gib für den Graphen die Funktionsgleichung an. Ergänze die Koordinaten der zugehörigen Punkte.

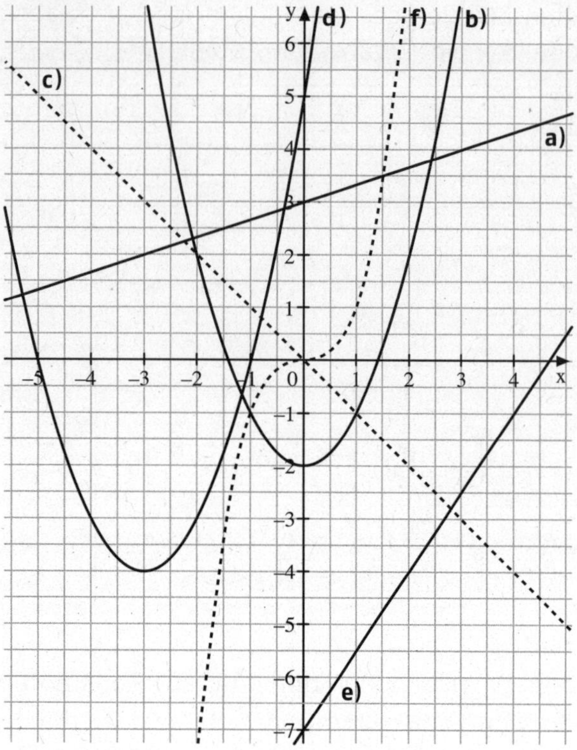

Graph	Funktionsgleichung	Punkt
a)		A (3 | ___) B (12 | ___)
b)		C (−2 | ___) D (5 | ___)
c)		E (___ | −3) F (20 | ___)
d)		G (−5 | ___) H (0 | ___)
e)		I (0 | ___) K (___ | 8)
f)		L (−1 | ___) M (___ | 27)

6. Gegeben sind die Funktionen f mit $y = x^2 - 2x - 2,5$ und g mit $y = -x - 0,5$.

a) Zeichne die Graphen der Funktionen f und g.

b) Gib die Nullstellen beider Funktionen an.

____

c) A und B sind die Schnittpunkte beider Graphen. Lies deren Koordinaten ab.

A (___\|___) B (___\|___)

d) Bestimme die Schnittpunktkoordinaten auch rechnerisch.

____

e) Gib die Gleichungen einer Funktion h an, sodass der Graph von h parallel zum Graphen von g liegt.

____

f) Zeichne den Graphen einer weiteren linearen Funktion ein, der den selben Schnittpunkt mit der y-Achse hat wie g.
Gib die Funktionsgleichung an. ________________________________

7. Ein Gasversorger bietet seinen Kunden zwei Tarife für Gas an.
Bei welchem Gasverbrauch sind die beiden Tarife gleich teuer?
Löse grafisch.

Tarif	basis	home
Monatlicher Grundpreis	6,55 €	13,09 €
Preis je kWh	6,55 Cent	5,89 Cent

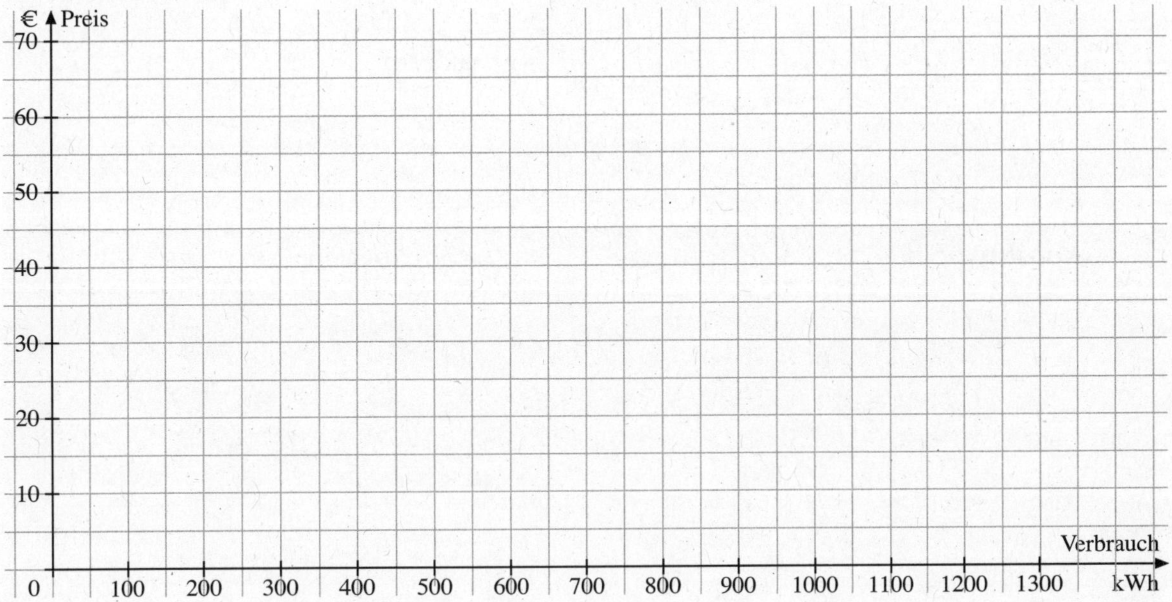

8. Löse das lineare Gleichungssystem grafisch. Bestätige dein Ergebnis danach rechnerisch.

a) $\left| \begin{array}{l} y = 2x + 1 \\ y = 7x - 1{,}5 \end{array} \right|$

b) $\left| \begin{array}{r} 6x - 3y = -6 \\ y = -2x - 6 \end{array} \right| \longrightarrow \left| \quad \right|$

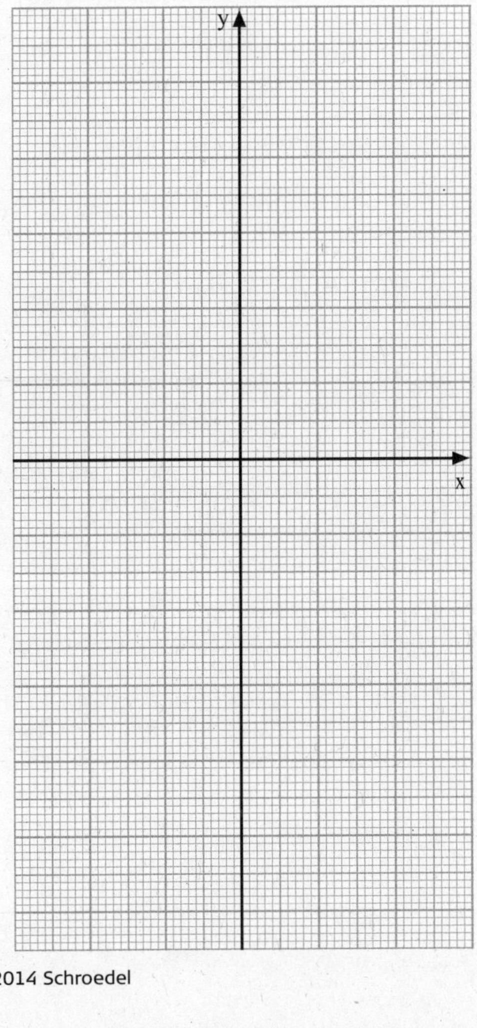

Rechnung:

Darstellung und Berechnung von Flächen und Körpern

1. Konstruiere die Figur und berechne den Flächeninhalt.

a) Dreieck ABC
$c = 5{,}8$ cm; $\alpha = 20°$; $\beta = 80°$

Skizze:

Konstruktion:

Rechnung:

b) Parallelogramm ABCD
$a = 6$ cm; $b = 3{,}5$ cm; $\alpha = 45°$

Skizze:

Konstruktion:

Rechnung:

2. Berechne den Umfang und den Flächeninhalt.

a)

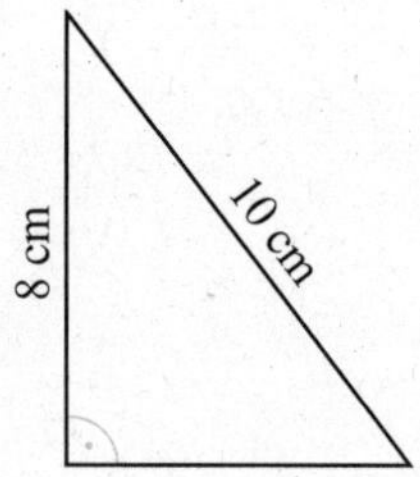

b)

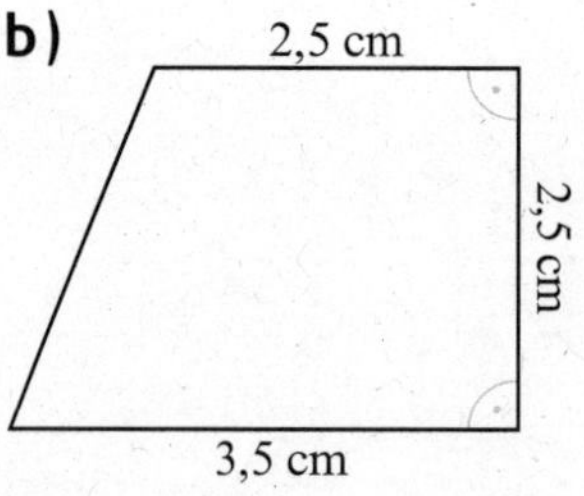

c)

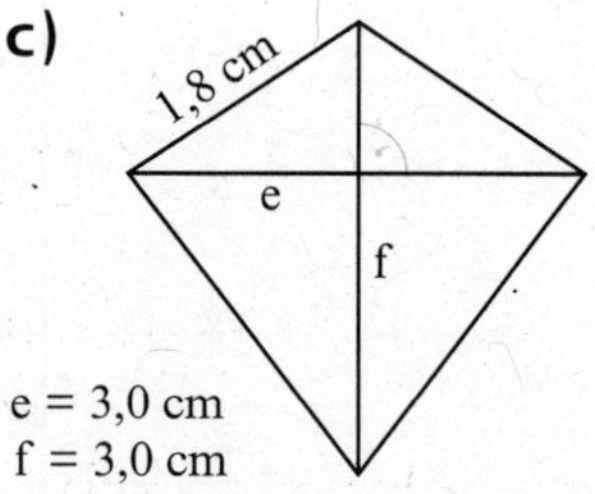

3. a) Zeichne ein Zweitafelbild des Prismas.

Zweitafelbild:

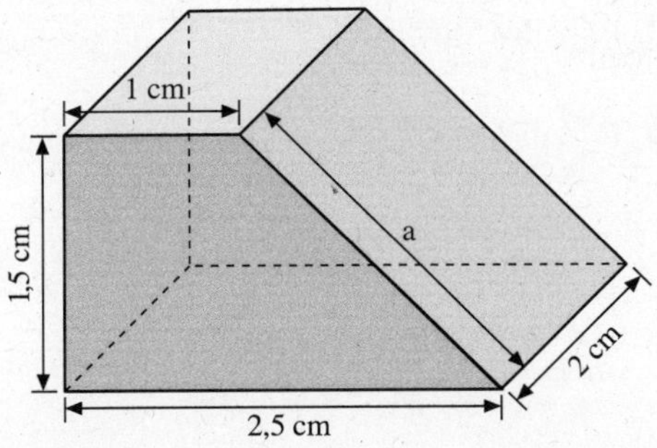

b) Berechne die Länge der Kante a.

______________________ *Rissachse*

a^2 = ______________________

a = ______________________

c) Berechne Volumen und Oberflächeninhalt.

A_G = ______________________

V = ______________________

A_M = ______________________

A_O = ______________________

d) Das Prisma wird aus Bronze gegossen ($\varrho = 8{,}7\ \frac{g}{cm^3}$). Welche Masse hat es?

m = ______________________

m = ______________________

4. Ein pyramidenförmiges Dach mit quadratischer Grundfläche (a = 6,50 m) ist 7,90 m hoch. Das Dach soll mit Kunstschiefer gedeckt werden. 1 m^2 kostet 66 €. Berechne die Kosten.

Skizze:

Rechnung:

Antwort: ______________________

5. Berechne Volumen, Mantel- und Oberflächeninhalt des Kegels mit

a) r = 19 mm; h = 82 mm;

b) d = 6,4 m; s = 18,9 m.

6. Berechne Umfang und Flächeninhalt.

a) Dreieck

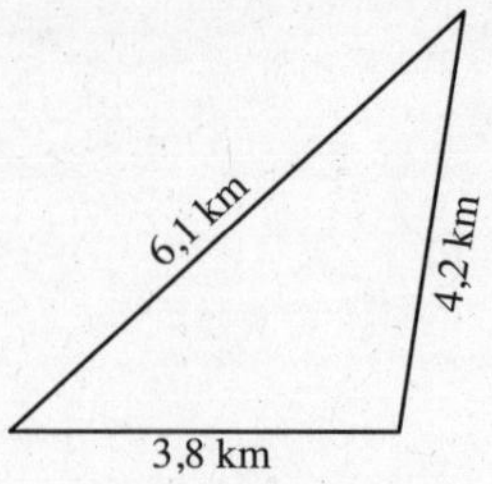

b) Parallelogramm

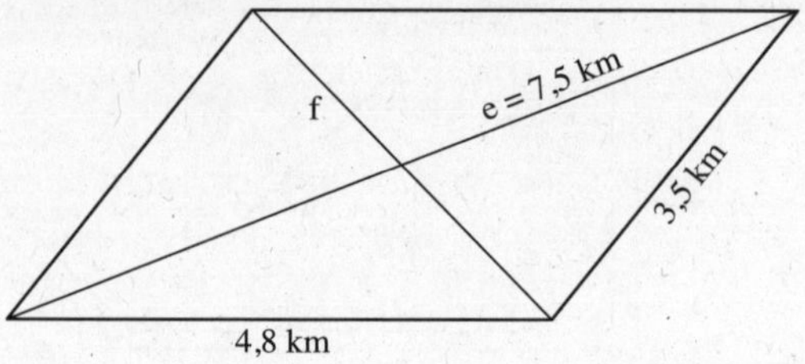

7. a) Quadratische Pyramide mit
a = 14,7 cm und h = 20,4 cm

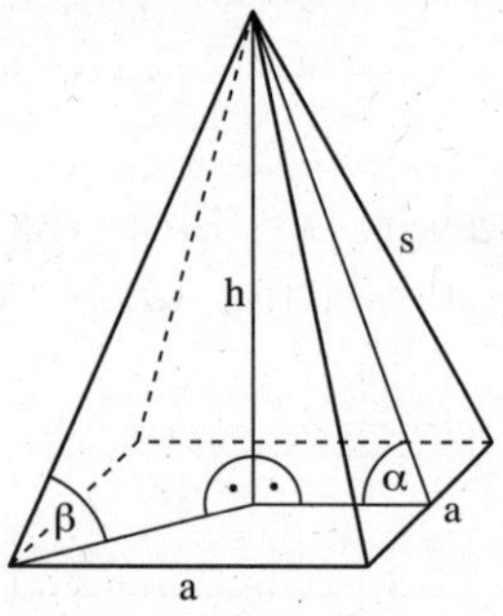

(1) Wie groß ist der Neigungswinkel α einer Seitenfläche?

(2) Wie groß ist der Neigungswinkel β einer Seitenkante?

(3) Wie groß ist das Volumen?

(4) Wie groß ist die Oberfläche?

b) Kegel mit r = 3,6 cm und h = 2,9 cm

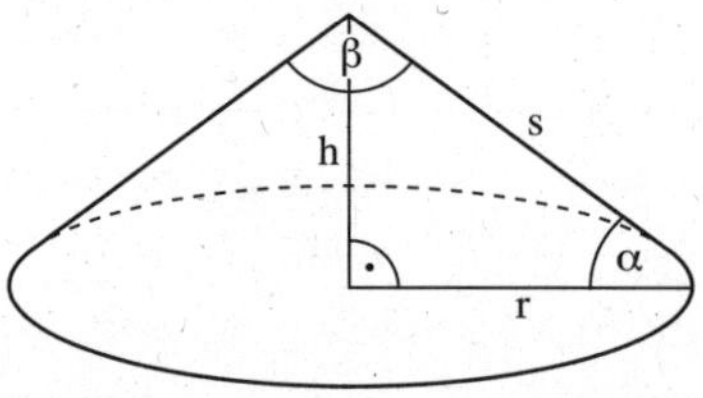

(1) Wie groß ist die Böschungswinkel α?

(2) Wie groß ist der Öffnungswinkel β?

(3) Wie groß ist das Volumen?

(4) Wie groß ist die Oberfläche?